三宅勝久 MIYAKE Katsuhisa

悩める自衛官

自殺者急増の内幕

花伝社

悩める自衛官——自殺者急増の内幕——◆目次

第二章　護衛艦「さわぎり」自殺事件

カバー・写真――共同通信社提供

プロローグ——挫折したある幹部自衛官

猛烈な爆音をたててタッチアンドゴーの訓練をする航空自衛隊のＦ -15 戦闘機。

「だめ！　だめ！　だめ！」

何度聞いてもわからない。

ある幹部自衛官の話である。安定した高収入のある者が、どうしてサラ金の借金に追われる羽目になったのか。

梅雨入り直前の蒸し暑い日の昼下がり。都心の喫茶店で、私はその幹部自衛官と向きあっていた。上品なジャケットに身を包んだ男は、年のころ五〇歳代はじめというところか。姿勢がよく健康で温和な印象が漂う。

注文したアイス紅茶が二つ運ばれ、私はノートの一ページ目を開いた。と、そのとたん男は、ペンの動きを制するように言った。

「名前は絶対だめです」

――ええ、もちろん……

男は不安げな表情で続けた。

「……あと年齢もだめですよ、所属基地もだめ。それから陸・海・空の別、階級はもちろん、容姿も書かないでください。あと、何がありましたっけ……そうそう、仕事の内容もいけません」

名前、年齢、所属……次々言葉通りにメモを取る私のペン先を凝視しながら、男はたたみかけるように付け加えた。

「書かれてしまうと困る。あなたを訴える羽目になるかも知れませんからね」

男の話とは、個人的な問題――借金のことだった。彼は、人目をはばかるあまり、はるばる数百キロも離れた東京まで債務整理の相談に訪れたのである。

――いったいどれくらいの借金なんですか？

私は遠慮がちに切り出した。

「保証人付きで五〇〇万円くらいが二つ、月の支払いが一〇万円くらい。親切そうだったので安心して借りたんですわ。そしたらひどいのなんのって」

事務所に連れ込まれて殴られたこともあるのだという。ヤミ金の手口だ。

――警察に被害届を出したのですか？

「ヤミ金？　二万、三万という小口のヤミ金は、昔借りていました。一七件くらいあったかな。借りては払う――の繰り返しで」

まるで大したことではないかのように、男はサラリと言ってのけた。

「ヤミ金は払わなきゃいいんでしょ。言ってみれば借り得ということですか。ま、そこまで落ちぶれても仕方ありませんが」

確かに、貸金業者が実質年利二九・二％を超える金利を要求することは出資法違反という犯罪である。ただ、それにしても、なぜそんなに金を借りる必要ができたのだろう？　動機を知りたいと思うのだが、男の説明はどうも要領を得ない。そのうちに、こんな話が飛び出した。

「六〇〇万円融資してくれるというので連絡したら、保証料とかで六〇万円を払わされて、『もうすぐ融資が出ます』なんて言いながら、なんだかんだでいつまでたってもお金貸してくれないんです」

「保証詐欺」と呼ばれている、最近はやりのだましの手口だった。だが、男は、だまされていること自体によく気がついていない様子である。

失敗談は続いた。

「おととしの五月ころには、商品をクレジットカードで買わされて、お金貸してくれるというやつで……」

こちらは、「買い取り詐欺」と呼ばれる古典的な手口だった。

男の階級は尉官以上、年収は一〇〇〇万円を超えた。

自衛官のプライド?

「人間、追い詰められると、だまされるとわかっていても〇・〇〇一%の可能性にかけてしまうものなんですよ。コンビニ強盗とかあるけど、そういう人たちは解決の方法を知らなかったんじゃないですか。もちろん、俺は強盗なんて考えたことはありませんがね」

男は次第に饒舌になった。

紅茶はとっくに空になり、白い氷が底に固まった。コップについた水滴がテーブルを濡らす。

私はもう一度、質問を繰り返した。

——何でお金借りる必要があったんですか?

「勤務が変わって手当てがなくなったんですよ。それで払えなくなった」

またしても答えをはぐらかした。家を建てた費用なのか、医療費なのか、それともギャンブルか、女遊びか。いったい何で借金をする必要があったのかを、男は語ろうとしない。

男は飛行機の乗組員だった。戦闘機だろうか、いや輸送機かも知れない。パイロットか機関士か。機種や職種については言葉を濁した。

ヤミ金から追われていることが職場にバレて飛行機を降ろされ、乗組員手当てがなくなった。それで「支払い」ができなくなったと嘆くのだ。

——つまり何が払えなくなったということでしょうか?

そうたずねると男は少し間を置き、思い切ったように告白した。

「実はサラ金もあったんですよ」

アコム、プロミス、武富士……合わせて計数百万円。どんどん貸してくれたという。

はてしなく借金談義が続く。

「女房にもバレて。あきれていました」

そう話す表情からは、さほど深刻さは感じられない。まるで自慢話を聞いているかのような錯覚に陥ってしまう。

我々は席を立った。

「こんなことになるなんて思ってもみなかった。定年まであと少しだというのに。これで退職金も当てになりませんよ。退職後の再就職にも影響するし……何かいい仕事あったら紹介してください」

男はそう言い残すと、夕暮れの雑踏に姿を消した。

自衛官のプライドなのか、それとも他人には話せない事情があったのか。借金をした根本の原因については、とうとう最後まで触れることはなかった。

急増する自殺とサラ金苦

自衛官の自殺は年々増えている。一九九五年度に四四人だった自殺者は、九八年度に七五人、九九年度六二人、二〇〇〇年度七三人――と次第に増加。〇一年度には五九人とやや落ち着いたかに見えたが、翌〇二年度には過去最多の七八人に達した。さらに、〇三年度には、四月から一一月までの半年間で、五一人の自殺者を数え、年間で一〇〇人を超えかねない深刻な事態となった。

危機感を抱いた防衛庁は、メンタルヘルス対策に力を注いだとみられる。それが功を奏したのかどうか、幸い〇三年度後半になってペースが鈍り、一年間の自殺者数は前年をかろうじて下回る七五人にとどまった。

だが、ほっとする間もなく、今年度に入り再び自殺が急増している。防衛庁によれば今年四月から七月までの四ヶ月間で、三一人もの自衛官が自殺した。このまま自殺が続けば、年間の犠牲者が九〇人以上に達しかねない最悪のペースだ。組織再編によって単身赴任などが増えたのが自殺増加の原因ではないか——新聞記事はそう分析する。

同じころ、警察庁が発表した二〇〇三年の日本国内の自殺者数は三万四四二七人、過去最悪の前年を二〇〇〇人も上回る惨状を示した。一〇万人当たりの自殺率は三〇人弱に上る。世界で指折りの自殺大国である。

自衛隊の自殺率を単純計算してみる。約二五万八〇〇〇人（〇三年三月）の隊員のうち七八人が自殺した二〇〇二年度の場合は、一〇万人当たり約三〇人。全国平均と同程度か、やや上回るくらいだ。自殺者であふれる日本において、自衛官の自殺率が突出しているとは言い難い。ただ、日本の状況がどうであれ、自衛官の自殺が増えてきていることは紛れもない事実である。しかも、日々厳しい肉体・精神の訓練を積み、経済的にも安定している自衛官である。そんな彼らが何ゆえ死を選ぶのだろう。

今年六月、アメリカ・ジョージア州のサバナで開かれた日米首脳会談で小泉純一郎首相はブッシュ米大統領と固い握手を交わし、自衛隊の多国籍軍参加を明言した。それを受けて今年八月には、東北の陸自第九師団が多国籍軍の一員としてイラクへ出発した。「復興支援」と政治家たちが声高に叫び続ける中、当地では米軍や協力者への憎悪が膨らんでいる。自衛官にいつ犠牲者が出ても不思議ではない緊迫した状況だ。

日本各地で「自衛隊撤収」を求める声が上がり、かたや、九条問題を焦点とする憲法「改正」論議が語られている。

自衛隊絡みのニュースを目にしない日はない。だが、自衛官一人ひとりの気持ちや悩みを知る手がかりは少なく、もどかしさが募った。

「自衛官だって国民じゃないのか。人間らしく生活する権利があるし、家族を養っている人もいるだろうに」

戦場、自殺――命の危険にさらされる自衛官の気持ちや立場について、世の中は無関心過ぎる気がした。

防衛庁の内部文書の存在が明らかになったのは、そんな折だった。

A四版二〇ページほどの文書のタイトルは『借財隊員に対する接し方』。二〇〇四年三月に、防衛庁人事教育局から発行されたものである。

冒頭の一文に私は目を釘付けにされた。

「従来は、自殺事故のうち、うつ病など精神疾患を原因とするものが八割を占めていましたが、近年は、借財によるものが急増しています」

内部文書には、そう書かれてあった。

借金を抱えて苦しみ、自ら死を選ぶ自衛官の悲惨な姿が目に浮かんだ。借金の背景には、何か苦しみの原因があるに違いない。彼らはいったい何を悩んでいるのだろう？

「借金」「自殺」「うつ病」――わずかな手がかりを頼りに、フツウの〝悩める自衛官〟の心うちをたずねる旅が始まった。

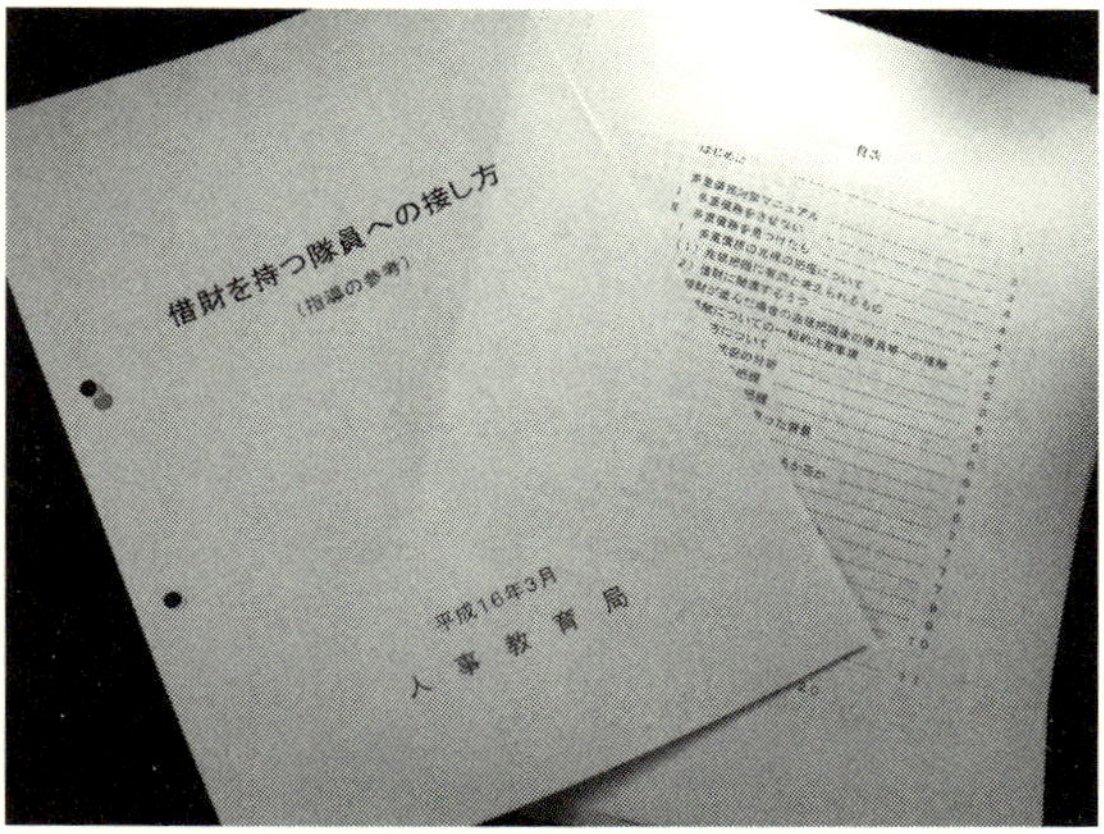

防衛庁が作った「サラ金対策マニュアル」。借金苦の自殺が急増しているという。

一章　激増　借金苦の自衛官

基地の街“ヨコスカ”の駅前に軒を連ねるサラ金業者（神奈川県横須賀市）。

1　ある海自官の告白

「死のうと思っていたんです」

寒波が接近中の今年三月、私は新幹線と特急列車を乗り継いで、とある過疎の町にたどりついた。前日からの雪が低い家並みを白く染めている。何台もの大型トラックが泥水のしぶきを派手にあげて、わだちのできた国道を爆走する。

ひと気のまばらな町に宵の帳《とばり》が下りようとしていた。

山田郁夫（三〇歳代）は、時間通りに待ち合わせ場所に現れた。日に焼けた顔、刈り上げた頭髪、筋肉で盛り上がった胸と肩——精悍《せいかん》な風体とはおよそ似つかわしくない言葉が、彼の口から吐かれた。

「私、死のうと思っていたんです」

ぎょっとする私を前に、山田はペットボトルのお茶を飲みながら、とりとめもない話をはじめた。借金で身を持ち崩しかけた男の半生記であった。

「海上自衛隊に入隊したのは、かれこれ一五年前になります。専門学校を卒業して、本当は鉄道会社に行きたかったんですよね。でもその夢はかなわなくて。

それほど自衛官になりたかったわけじゃなくて、別に消防隊員でも警察官でもよかったんです。三年ほどしたら、別に仕事を探そうと思っていました」

結局、転職はかなわず気がついたら歳も三〇半ばになっていた。独身。いつしかサラ金に数百万円の借金を抱え苦しんでいた。上官にはとても相談できない。山田は絶望して、本気で死のうと思っていた――。

一気にそこまで話し、やや落ち着きを取り戻しながらも、猛烈にしゃべり続けた。

「自衛隊は中から腐っていますよ！」

話題は、いつしか上司の批判に移り、山田は不満そうにぶちまけた。

「海上自衛隊ですから、夏場に海水浴の訓練があるのはわかりますよね。問題は冬場ですよ。訓練と称してスキーに行っているんです。スキーで遊んで宴会して。これ税金でやっているんですからひどいもんですよ。

上官は仕事中もゴルフコンペのことで頭いっぱいだし。更衣室の中には、コンペの賞品がゴロゴロ。信じられますか？」

相槌《あいづち》を求められて私は困った。確かに腹が立つ気持ちはわからないでもないが、「腐っている」と言い切れるものかどうかは自信がない。企業にも、役所にも、腹の立つ上司はいることだろう。

構うことなく山田は続けた。

「部隊で毎年開催する花見会だってひどいもんですよ。上官が、招待客に行き着けのスナックのママを呼んだりしているんですわ。会が終わった後は、皆でその店になだれ込むというわけですよ」

山田は現在、陸上勤務で事務仕事を受け持っている。かつては護衛艦の乗組員だった。乗船中のストレスはたいそうなものなのだと、またひとしきりぼやくのだった。

「夏は灼熱《しゃくねつ》地獄、冬は冷蔵庫。特に昔の船はひどかったですよ。三段ベッドでプライバシーはなし。海が時化《しけ》れば、もちろん船酔いの苦しみが待っている。楽しみと言えば、風呂と三度の飯。せいぜいベッドで本読むくらいでしょうかね」

船の中で酒はご法度だ。火災や事故、遭難、攻撃？　など、いつ何が起きても臨機応変に対応しなければならない。酒を飲むと本当に危険なのだ。だから禁酒。それが乗組員の宿命である。

「でも、正直言って酒飲みたくなりますよ」と山田は言う。

いったん訓練航海に出ると、短くても二週間、長ければ一ヶ月。遠洋だと三ヶ月。半年というのもある。ずっと海の上で過ごす。狭い船内でむくつけき男ばかりの空間なら、ストレスがたまらないほうが不思議である。

「ついイライラが募ってけんかが起きそうになることもあります。私も、絶対ダメなんですが、嫌なことがあってこっそり酒飲んで愚痴《ぐち》っていましたよ」

懸命に話す山田の表情に人恋しさが浮かんだ。彼はお茶を飲み干すと言った。

「あなたに会えてよかった。本当によかった」

まるで無人島にでもいて、何年も人と話をしていなかったかのように、真面目な顔で山田は繰り返した。

孤独な自衛官

〝孤独〟——それが山田の告白を聞きながら浮かんできた言葉である。

——友達はいるんですか？

ためしに私はそうたずねてみた。案の定、返ってきた言葉は「ほとんどいない」だった。

「自衛隊の仲間とは話が合わないんですよ」

独身の彼は、部隊の中にある営内舎で暮らす。衣食住が保証されている代わりに、自由は制限されている。外出許可をもらって外に出る以外は、常に上司・同僚・部下との共同生活だ。その暮らしの中で、山田には友達らしい友達がほとんどできなかったという。

山田は阪神タイガースの熱狂的なファンである。だが、関西から遠く離れた部隊の中にファンは皆無だった。テレビで中継していても、熱中しているのは山田だけ。吉本新喜劇のギャグについても理解者はおらず、寂しい思いに浸った。

基地の周りを見渡せば、うらぶれた過疎の町である。入隊してまもなく、山田はホームシックにかかってしまった。

「里心がついて……心に隙《すき》ができたんでしょうね」

傷心の山田が向かった先は、パチンコ店である。決して地元の店ではやらず、何時間もかけて都会へ行った。まぶしいネオンに浮かび、夜中まで喧騒《けんそう》に包まれた大都会。そこへ、山田は同僚を誘うこともなくひとりで向かった。一人きりの繁華街でパチンコにふけるのが、寂しさを癒《いや》す唯一の術だったという。

パチンコは女遊びに発展した。

確かお盆休みのときだった。いつものように街に出てパチンコをしていた山田は、かねてから興味のあったキャバクラに入った。生まれて初めての経験である。店の子に囲まれてちやほやされた。久しくそんな経験をしたことがない山田は、たちまち有頂天になった。

――お仕事なんなんですか？

「俺、海上自衛隊」

――きゃー、すごい！

山田は、身分を明かした。さらに、求められるままに携帯電話の番号を教えた。店のA子から電話がかかってきたのは、数日後のことだ。

「会いたいの……」

受話器から流れる甘い声。果たして、山田のキャバクラ通いが始まったのである。一度行けば数万円が吹っ飛んでいく。それでも通った。しこたま飲んでから女の子を誘い出し、カラオケで騒ぎ、ラーメンを食べる。それがお決まりのコースだった。

帰る時は、決まって財布の中は空だった。

「ああ、明日からまた仕事が始まる」

暗い気持ちで電車に揺られた。

給料はたちまち底を尽いた。サラ金に走るのは時間の問題だった。金を借り、欲望を胸に山田は店に通った。しかし何度通ってもA子は体を許さず、焦燥感《しょうそうかん》だけが募った。

「これじゃだめだ！　このままでは落ちぶれてしまう」

山田は、キャバクラにはまっている自分が嫌になってきた。そしてついに、A子との決別を心に決めるのである。

「お前とは別れる！」

――ええ？　なんでよ

きっぱりと喧嘩《けんか》別れをして、人生やり直すつもりだった。

山田は普段、陸上のオフィスで書類を扱っている。自衛官と言っても、やっていることはごく普通のサラリーマンとなんら変わりはない。演習などで船が出航するときは、仕事道具を持って乗船し、狭い艦内で同じことを続ける。

「軍事マニアの人なら、『護衛艦に乗って演習行ける』と聞いたら大喜びするでしょうけど、私は興味ないですから。最新鋭の護衛艦でも、私にとってはただの狭くて息苦しい職場に過ぎません。早く降りたいなあ、とそればかり考えていました」

単調な生活の中からキャバクラ遊びがなくなってしまい、ふたたび退屈な日々の繰り返しだ。山田の心の中に、寂しさが募るのも時間の問題だった。

護衛艦の甲板で競馬中継に熱中

A子と別れてまもなく、山田の足は競馬場へと向っていた。募る寂しさを、どこかで紛らわさないわけにはいかなかったのだ。競馬は初めてだった。ビギナーズラックというのだろうか、それでも勝った。

勝ったのがよかったのか、悪かったのか――山田の足は競馬の深みにはまっていった。神戸、阪神、梅田場外……週末が来るたびに必ず行った。

「週末になっても彼女もいないし、やることないんですよ。部屋にいても退屈だし。プロ野球見るくらい。そんなんじゃ全然くつろぎにならないんです。それで『競馬にでも行こうか』ということになってしまった」

一レースに二万円、三万円を張る。一日一二レース。負けることが多いが、三〇万円くらい取ったこともある。勝ったときの気分は最高だ。

「よっし、もうかった！　と。とても爽快《そうかい》ですよ」

山田は懐かしそうに話す。

稼いだときは気分がよくなって遊びに繰り出した。キャバクラにパチンコ。相変わらずの一人遊びである。

「連れがいると気を遣う。プライベートな時くらい一人にしてほしいんですよ」と山田は言う。

だが、勝つことはまれである。爽快さよりも苦しみの方が圧倒的に多かった。借金もかさむ一方、競馬の資金はサラ金しかない。「自衛官です」と言えば、五〇万円くらいすぐに貸してくれたという。サラ金の借金は着実に増え、数年で数百万円に達した。それでも止められなかった。

「演習中で護衛艦に乗っている最中も、競馬のことが気になって仕方がありませんでした」

護衛艦の甲板で、短波ラジオの競馬中継に聞き入ったという。

職場でのストレスもたまる一方だった。いつ見ても同じ顔。話題と言えば酒、バクチ、女。

「△×パチンコで何万円出た」「グランド□△★で負けたよ」「今日は◇町で新装開店だ」――と

そんな噂《うわさ》ばかり。たまらず山田は、船が港に入ると、たまり切ったストレスを抱えて色町に繰り出し、目いっぱい散在した。

「こんな生活していたらロクなことにならない……」

わかっているけど止められない山田だった。

すさんだ暮らしを続けていた必然だろう。ある日、山田は勤務中に吐き気を催し、トイレで嘔《おう》吐《と》した。ストレスで胃がやられていた。酒の飲みすぎで肝臓もダメージを受けていた。薬を飲みながらなんとか耐えた。しかし精神的に疲れきっていた。何もかもが悲観的に思えて仕方なかった。

新しい仕事を与えられ、ささいなことで上司に叱られてストレスに拍車をかけた。「自殺」という言葉が頭に浮かんだ。

山田は振り返る。

「自殺する人の気持ちはよくわかります。僕もしょっちゅう考えていましたから……借金背負って、人間関係は複雑。何度も自衛隊を辞めようと思いました」

床についても眠りは浅い。熟睡しないうちに朝が来ている。「起きなきゃ」と思うが、体がついていかない。喉を通らない食事を無理やり口に詰め込んだ。あれほど熱中していた競馬のことすら考えられなくなっていた。

「どうすれば死ねるかなって、頭にはそんなことばかり……」

死の一歩手前まで追い詰められていた山田を救ったのは、偶然目にした詩人・相田みつお氏の詩の一節だったという。

「つまづいたっていいじゃないか、にんげんだもの」

絶望的な心境でいた山田は、この言葉に目が釘付けになった。

「まさに、その通りだと思います。完璧な人間なんていないんだ、と涙が出るほど共感しました」と山田は言う。最悪の危機をかろうじて乗り越えた。そして、大枚をはたいて入会した結婚相談所で一人の女性を見初めた。さまよえる魂がようやくより所を見つけたような落ち着いた気持ちに浸った。

「ボクの人生には目標がなかった、と気づいたんです。流されるままに生きてきた。人生設計なんてものもなかった。教えてくれる人もいなかった。悩んで苦しくなっても『逃げてはいけない』という考えが頭にこびりついていた。逃げたら負けだ――と、そう教育されていたんですよ。それが自分を追い詰めていたんだと、そう思うんです」

いつしか山田の顔の緊張はほぐれ、吹っ切れた表情になっていた。

山田と別れて数週間後、東京に電話がかかってきた。

――彼女とはどうやってるの？

「それがですね」

山田は、やや沈んだ声で切り出した。

「実はサラ金に借金していること彼女に打ち明けたら、見事にフラれてしまいましたよ。でも、ま、一応いい目もさせてもらいましたから、よしとしましょうか」

〝落ちこぼれ自衛官〟はそう言って笑った。

2　暴力潜水艦物語

狭くて臭う職場

某地方都市の駅。集中豪雨が去った後の交通機関の乱れを伝える放送がけたたましい。元潜水艦乗組員の秋山太郎（三〇歳代　海士、独身）は晴れ晴れした表情で話し始めた。

「自衛隊をクビになってせいせいしましたよ――」

小柄ながらがっしりとした体格。よく日に焼けている。国内有数の潜水艦基地があるA市で、秋山は一〇年以上の間、海上自衛官として海に潜り続けた。

「高校で就職探しているときに、市役所からハガキがきたんです。それ見て連絡したら、地方連絡部の人に潜水艦の見学へ連れていってくれました。それがきっかけです。入隊してからは、乗組員手当てがいいので潜水艦を希望しました」

初めて潜水艦を見学したときは興奮したという。

「でかいしスゲエと思いましたよ。でも、入隊してから外国へ行くようになって原子力潜水艦なんか見ますよね。すると、日本の潜水艦はとても小さくて貧弱に映るんですよ。あれじゃ戦争勝てないっすよ……」

秋山は、潜水艦の位置や周囲の状況を知らせる任務についていた。狭く蒸し暑い司令室で、緊張を強いられる作業だ。

「水面に船がたくさんいる時なんかは大忙しですね。あそこに漁船がいる、こっちにプレジャーボート、といった具合で解析する。この辺で魚が鳴いている――なんていうのもあります」

仕事についていては自信があったが勉強は苦手だった。難題は年に二度の昇任試験。受からなければ任期制の海士のままだ。だが秋山は、受けても受けても試験を通ることができない。それで、クビになってしまったのだ。

幸いうまく転職先が見つかり、食いっぱぐれだけは免れた。自衛隊は、不祥事さえ起こさなければ退官後の面倒見はいい。

新しい仕事は、潜水艦の乗組員手当てがついていたころに比べれば安月給だ。それでも「クビになってよかった」と言い切る。そんなに嫌った潜水艦の生活とはどんなものなのだろう。秋山が説明する。

「潜水艦は狭い。頭と手足がつかえる程の広さしかない寝台。大柄な人は発射管室（魚雷室）に、特設ベッドを置いて寝なければなりません」

狭さに加えて、潜水艦には独特の臭いがある。秋山によると、「便所の臭気とディーゼルの排気ガス、食べ物の臭いがごった混ぜ。さらに、水不足ゆえにめったにシャワーを浴びないものだから、男の汗臭さも加味された」臭さだとか。

「シャワーはせいぜい三日に一度、お湯もちょろちょろしか出ない。使うお湯は、一度でせいぜい三〇リットルくらい……」

この臭気がいったん体や衣服に染み込むと、少しくらい洗濯しても、風呂に入っても落ちない。上陸してタクシーに乗れば、たちどころに「潜水艦ですね」と運転手に見抜かれる。上陸用の私服は、ビニール袋に詰めて、しっかりと封をして艦内に持ち込まなければ悲惨だ。妻子持ちの隊員の家庭では、夫の洗濯物だけ完全分離して洗う。それほど強烈な臭いにさらされるのが潜水艦員の宿命なのだ。

それでも、臭いは慣れることができるからまだマシだという。航海が長期になると野菜不足によるビタミン欠乏が待っている。

「口内炎で口の中が白くただれて、痛いのなんのって。ご飯食べるたびに痛みますから、たまりませんよ」

口内炎対策で、秋山は大量のビタミン剤を持ち込んで飲み続けた。

潜航が続くと酸素の濃度が薄くなって頭がボーッとしてくる。いらいらしてキレやすくなる人もいるから、怒りっぽい人には気を遣う。

「酸欠なのに、がんがんタバコをすう人もいます。狭い艦内が煙でもうもうとなって。コーヒーがぶ飲み型もいます。何にもないときは暇ですからね。筋肉トレーニングする場所もあるんですが、やる気は起きません。面倒だし、汗かいてまた臭くなるでしょ」

潜水艦任務はストレスとの戦いである。並の神経では到底もたず、乗組員は、海上自衛隊の中でも特に精神的にタフな隊員が選ばれている。

「コーヒーが苦い」でバシ！

過酷な潜水艦だが、臭いも口内炎も秋山にとっては大した問題ではなかった。最大の悩みとは上官のイジメだった。忌むべきは暴力海曹G氏。G海曹は、すぐにキレて手を出す悪癖を持つ。

「何しょんじゃ、ボケ！」

突然怒り出して殴ってくるのだから始末が悪い。

幹部の配膳係をしていた時のことだった。配膳係は、幹部が食堂に現れたら一人一人配膳をするのが仕事だ。食べおわったら油まみれになって皿を洗う。水の使用には制約があるから、洗い場は苦労する。

秋山がビニール手袋をつけて、料理の盛り付け準備をしていたところへ天敵G海曹がやってきた。インスタントコーヒー入れて出すと、いきなり顔を殴りつけた。

「おい、このコーヒーぬるいぞ！（バシ！）」

入れ直すと、今度は「苦い！」と怒り出す。

配膳係ではない時でもG氏の嫌がらせは続いた。食堂で秋山を見つけると、必ず目の前の席に座り難癖をつける。食べ終えて席を立とうとしても「おい、待て！」と許さない。ステーキが出ると「おい、これを食べろ！」と、自分が食い残した脂身を押しつける。

「G氏が食堂に来る前にあわてて食事をかき込んで逃げたものです。消化不良を起こしかねないですね。ほんま、コーヒーにワサビ入れてやろうかと思いましたよ（笑）」

〝不眠地獄〟というイジメにも泣かされた。

「当直明けで疲れて帰ってきて、寝台に横になったとたんに『おい、起きろ！』と起こしにくるんです、G海曹。睡眠不足でフラフラです」

気心の知れた先輩の区画へ逃げて、つかの間の安眠をむさぼった。

困った先輩や上官は、G海曹のほかにもいた。ある先輩と一緒に仕事をしたときは、完全にシカト（無視）された。何が気に入らないのかわからないが、まったく口を利いてくれない。まるで邪魔者扱いである。いたたまれない気持ちだった。

やたらと他人のプライバシーに首を突っ込む上司もいる。

「『おい、パチンコ勝ったんか？　負けたんやろ！』『昨日、どこの飲み屋行ったんや？』と、うっとうしいくらい聞いてくるんです。集めていた飲み屋の名刺を全部捨てられてしまったこともありますよ」

普段からプライバシーのない生活をしている上に、わずかに残されたプライバシーにまで口を出されたのではたまらない。

パソコンオタクの先輩とパートナーを組んだ時も辟易《へきえき》した。

「当直に入っている間、四六時中、興味もないパソコンの話しかしてくれないんですから。うんざりです」

運動不足で肥満になる隊員がいる一方で、秋山はげっそりと痩せた。ストレスで胃が縮み、飯が喉を通らない。

「先輩だいじょうぶっすか？」と後輩には心配されたものの、同僚や先輩連中は軒並み冷淡だった。最新鋭潜水艦であっても、やはりもっとも肝心なのは人間関係なのだ――山田はしみじみと言う。

「特に、自分とパート組んでいる先輩がひどい人だと最悪ですね」

潜水艦の乗組員手当てがなければとうてい我慢できなかった。航海中は飲酒厳禁である。週刊誌を回し読みしたり、部隊で借りてきたビデオを見たり、ヘッドホンで音楽聞いたり、そんなことをして気を紛らわせた。同僚と雑談することもあるが、定番の話題は、ここでもパチンコ、競馬、酒、女。間違っても「国防」について語るなどということはなかった。

そんな息苦しい生活の中で、最大の楽しみは上陸だった。

「上陸前になると、もうどこに遊びに行こうかと頭が一杯です。港が近づくと見張りに立って、双眼鏡で岸壁を眺める。アベックなんかが歩いているのが見えるんです。『おっ、いい女がいるぞ！』なんて。潜望鏡で見ると、本当にはっきりと見えますよ。向こうはわからないでしょうが。そうやって遊ぶこと考えていると、見透かしたかのように上官の追及がくる。『今夜、どこに飲みに行くんだ？』。ほっといてくれって！」

秋山は、酒をしこたま飲んでストレスを発散した。

「スポーツに励んでストレス発散する人もいます。でもボクはそういう趣味がありませんから」

非番のたびに繁華街に繰り出して、女の子のいるスナックやバーを片端からハシゴした。

「ずらっとスナックの看板が連なっているようなビルあるでしょ。ああいうところ、順番に入ったりしたもんです。いい子がいないと、次の店に行くという調子ですわ。めぼしいところは全部行きました」

合コンをやっても、秋山は飲むばかりだった。相手チームは看護師と飲み屋の女の子が多かった。

「こっちは男ばかりの職場、あっちは女ばかり。ストレスがあるという境遇が似ているんですか。とにかく、お互い酒をがんがん飲んで憂さを晴らしていました。看護師の女の人って酒強いですねえ」

ただし実りは少なかったという。

停泊中の海上自衛隊潜水艦の朝。ラッパの音が港内に響く（横須賀基地）。

酒でストレス発散

酒によるストレス発散は、自然な流れとして借金を生んだ。気がつけばサラ金の借金数百万円。

「キャバクラやパチンコで憂さ晴らしをしたのはいいが、エンジンがかかりすぎて、持ち金なくなって……金融屋さんに走って借りたりしたものです。飲み屋は一晩で五～六万円。パチンコなんて、一日一〇万円負けたことあります」

給料は手取り二五万円ほど、ボーナスが計約一〇〇万円。独身寮に住んでいたため、住居費はほぼ皆無。食事もタダ。それでもサラ金に借りなければならなくなった原因は、ストレスだと、秋山は言う。

「夜勤明けで、そのままパチンコに行ったものです。『今日は一〇万円くらい取ってやるぞ』と張り切って行きました。めったに勝てないんですが、たまに勝つとスカッとするというか」

一方でサラ金の支払いは、どんどん増えた。返済が遅れると、部隊に催促の電話がかかってくる。部隊には内緒で借りているから、対応には細心の注意を要する。

「秋山海士、□○さんという人から電話あったぞ」

上官に聞かれても、「あ、それ保険屋さんです」とやり過ごす。

だが、勘のいい上司だと、そんな言い訳も容易には通用しない。「本当に保険屋さんかあ?」と追及してくるのだ。

ベテラン隊員になると、サラ金で借金をしている者は雰囲気で察しがつく。無口になったり、同僚に金を無心するなど様子が変わる。秋山の見立てでも、間違いなくサラ金の世話になっている隊員が何人もいた。

秋山のサラ金問題は、とうとう上官の耳に入り、潜水艦乗りにとって最悪の罰である「上陸止め」の処分を受ける事態となった。

潜水艦が入港すると、当直の隊員以外は営舎や自宅へ戻る。だが外出止め処分を食らってしまうと、艦から一歩も出してもらえない。上陸止めは時に数ヶ月間に及ぶ。秋山は、借金の整理が片付くまで潜水艦の中に軟禁されてしまった。

「停泊中も航海している時と同じで、シャワーにはめったに入れません。水を使ったら補給しないといけませんからね。ご飯は食事当番が作ってくれるやつを食べます。何もしないで飯を食べるのは気が引けるので、ゴミの始末したり、食事の準備したりあれこれ働きます。気が休まる暇なんてありません」

隊員たちの好奇の目にもさらされる。

「潜水艦を出入りする先輩や上官が目ざとく私の姿見つけて『おっ、お前何やったんだ!』なんて、必ず聞いていきます。嫌だけれど、いちいち借金のこと説明する羽目になるわけですよ」

サラ金の支払い日だけは外出が許される。だが、たいてい「監視要員」の隊員が同行した。逃亡防止のためだった。同伴で外出して、支払いが終わると一緒に戻ってくる。四六時中、監視下に置かれる。

「上陸止めだけはいけません。疲れはたまるし、ストレスもたまる。疲れすぎて風邪ひきました。アパートに帰らず、船の中にいるものですからね。逆効果なんです。放っておけばいいと思うんですよ」

上陸止めの効果について、秋山は懐疑的である。

「だいたい自衛隊というところは、個人のプライバシーに立ち入り過ぎです」

秋山はある体験を話す。

「昇任試験に備えて、後輩が家庭教師を頼んだことがあります。試験は難しいですから。そうしたら、噂を聞いた上司が私に『どんな家庭教師か調べてこい』と命令したんです。いわゆる『身上(心情)把握』というやつ。

命令ですから一応本人にたずねましたが、考えてもみてください、嫌なもんですよ」

借金をするな、サラ金で借りるな――と自衛隊では口をすっぱくして指導しているという。だが、一度、借金が発覚すると、「自己責任」というより自衛隊ぐるみで早く返済するよう仕向ける傾向がある。ストレスゆえに酒を飲んで借金を作り、その報いで自由を拘束され、さらにストレスがたまるのだと、秋山はまたひとしきり嘆くのだった。

3　出稼ぎ自衛官物語

「自衛官の多くがサラ金に金を借りている」と、何人もの自衛官が口にする。浪費傾向や多重債務は自衛官の一種、職業病のようなものかも知れない、とすら思えてくる。

元航空自衛官の金山伸一（五二歳）は、往年の自衛隊を知る一人だ。安保闘争が激しかった一九六〇年代に入隊し、今から二〇年ほど前に退官した。

「ギャンブル、酒で借金を作り、すっからかん。私がいた当時も周りはそんな隊員ばかりだったよ」と金山は言う。

金山は、東北の生まれ。いわゆる〝出稼ぎ自衛官〟だった。

「仕事探しとるんか？」

肌寒さが残る春の夜、サラ金の債務整理を引き受けてもらっているというS司法書士事務所のガラス扉を押して金山は姿を現した。短く切った頭髪に白いものが混じる。日焼けの跡と顔のしわ、節くれだった手が、年季の入った肉体労働者であることをうかがわせる。

「自衛隊にいたのは昔のことですし、たいした話じゃないですよ。それでもいいんですか?」

金山は申し訳なさそうに断って、とつとつと昔話を始めた。かれこれ三〇年前の昭和四〇年代後半に溯《さかのぼ》る。

「自衛隊に入る前に、東北の工業高校を卒業して地元で溶接関係の仕事してたんですわ。月給が二万円くらい。悪くはなかったんですが、現場がきつくて体を壊してしまった。血尿が出て二週間入院して点滴受けました。これじゃ体力が持たないと思って三年ほどで辞めました。何かいい仕事はないかと思って職安へ行った初日に、自衛隊の人に声かけられたんです」

駅前や雑踏で、自衛隊地方連絡部の職員が通行人に声をかけては勧誘していた、そんな時代だった。

「何か仕事探しているんか?」

職安で金山に話し掛けてきたのは、背広を着た会社員風の男だった。

「自衛隊に来てみないか」

そう誘った。しかし金山は体力に自信がない。すると、不安を打ち消すように男は言った。

「陸上自衛隊は確かに大変だが、航空自衛隊は体力がなくても大丈夫だ。最初の三ヶ月だけは、少しきついが、その後は楽だから……」

給料もくれるし、食べるものも寝るところも心配ないという。親元に仕送りができそうだ。しばらく考えてから、金山は入隊試験を受けた。二〇歳の春のことだった。

試験は形ばかりですぐに合格、愛知県の部隊に行くことになった。同郷の新隊員数人が途中の駅で集合した。淡いブルーの制服をもらい名古屋行きの汽車に乗り込んだ。荷物は何もなく、手ぶらである。契約書のようなものを書いた記憶がある。

入隊した金山は、最初に熊谷の教育隊へ送り込まれた。起床は午前六時。直ちにベッドを畳《たた》む。点呼をすませてから腕立て伏せ、そして靴磨き。続いて駆け足に銃剣道、戦闘訓練。教官の怒鳴り声が飛び交う。教育隊のある盆地は、真夏になると熱気で蒸し返す。倒れたり、途中で諦めて除隊する者もいた。

消灯は午後一〇時。つかの間の余暇を先輩や同期生と語って過ごした。

「昔、あそこの建物から飛び降りがあったんだ」

そんな話も出た。

上下関係は厳しかった。特に「生徒隊」は周りから一目置かれた。生徒隊とは中卒で入隊した隊員である。自衛隊では経験の長さがモノを言う。ケンカはしょっちゅうだった。

つらい訓練生活は三ヶ月で終了。さらに三ヶ月間の専門教育を経て、金山は晴れて自衛官となった。職安で声をかけられてから半年後のことである。階級は、三等空士。「兵隊」「二等兵」などと呼ばれる一番下の位だ。某補給処に配属され、通信の仕事を受け持つことになった。

ヒマと戦う通信隊員

金山を待っていたのは、暗号を翻訳する単調なデスクワークだった。テレタイプで送られた通信文を暗号に翻訳したり、暗号を解いて清書する。その仕事を、日勤・夜勤の二交替でこなす。夜間は、通信文が来なければ仮眠を取ることができる。電文が入ればブザーが鳴って知らせる仕組みだった。

たいした苦労もなく金山は仕事に慣れ、すぐに暇をもてあますようになった。そもそも小さな部隊で、通信文の数も少ない。たまに射撃訓練があり、近くの射撃場まで歩いて行く。「射撃訓練は、めったにない楽しみというか、まるで運動会みたいな気分でしたよ」と金山は振り返る。

住居は営内舎だ。当初は米軍の払い下げの建物で一五人部屋だった。鉄のベッド。一五人部屋は、まもなく建て直されて八人部屋に改善された。部隊の正面は田んぼ、裏側には新興団地が立ち並ぶ。

「夜になると寂しいんです。寝付けないこともよくあります」

同室の隊員がたてるいびきに悩まされることもしばしばだった。

仕事は楽だったが、団体生活はストレスがたまった。耐え切れず、逃げ出す者も出た。実際「脱走があった」という通信文が入電したことがある。若い隊員が外出したまま部隊に帰ってこないのだ。金山は捜索願の電文を流した。外出もままならない生活は、まるで刑務所だった。

暇を潰しストレスを晴らすため金山がまず足を運んだのが、部隊の中に併設されていた飲み屋である。ツケで酒を飲み、給料日に一括で払った。主人は地元のおばあさんで、時々勘定を水増しした。

そのうち夜勤の仮眠室に芋焼酎を持ち込み、ちびちびと飲むようになった。

「本当は飲んだらいけないんですがね」

だが、飲まずにはいられなかった。もちろん先輩や同僚も飲んでいた。

若い金山は、基地の外に出たくてたまらない。休みになると他の隊員と競うようにして上官に外出許可を申請した。外出回数に制限はあったが、問題がなければ許可は出る。有り金を握り締めて町へ飛び出した。

いざ目指すはキャバレーだ。女の子がいる飲み屋ならどこでも構わない。持ち金を使いはたすとサウナに泊まった。朝帰りに備えて、同僚四～五人でアパートを借りたこともある。それも、金がなくなると引き払った。飲んで憂さを晴らすのは、ほかの隊員とて同じだった。飲みに出たのはいいが、金が払えなくなって行方不明になった同僚もいる。

入隊当時の給料は、二万～三万円。金山は一部を故郷に仕送りし、残りはすべて飲み代に消えた。飲んで一文無しになったとしても、部隊の中の営舎に居る限りは衣食住が保証されるのが自衛隊のよいところだ。

だが、その居心地のよさ故の失敗もある。金山は自嘲気味に、失敗談を語る。

「――入隊して数年たったころでしょうか。外に着ていく服がなかったのでスーツを買いに出たんです。紳士服屋の店員がうまくて、口車に乗せられて二着も買わされてしまったんです。スーツは初めてでした。おまけにコート、カバン、靴、他の服……なども。全部クレジット組まされて総額七〇万円！　世間知らずで金の使い方もわからなかったんです」

「すぐに返せばいい」と簡単に考えていた金山だが、うまくいくはずがなかった。この買物をきっかけに金山は借金を重ね、故郷への仕送りも止まってしまった。

「出稼ぎに行って借金つくるなんて……」

故郷に顔向けできないと心は痛んだが、酒をやめる気にはならなかった。

浪費しない奴は変人

郷里に仕送りをして、結婚して幸せな家庭を持ちたい――金山は、平凡ながら人生計画を抱いていた。

「結婚しないのか」

親も気をもんだ。だが、借金を抱えた身では結婚しようがなかったし、そもそも女性と出会う機会がなかった。職場の周りを見ても独身者ばかりである。飲み屋の女にのめり込む者もいたが、せいぜいだまされるのが関の山だった。ボーナス時期になると、自衛官をカモにしようと飲み屋からしきりに誘ってきた。

借金を払うため金山は一獲千金を狙った。競馬である。同僚も同じよう馬にハマった。資金はサラ金である。休日には場外馬券売り場に行って同僚の分もまとめて馬券を買った。

競馬だけではない。麻雀、パチンコにも熱狂した。

「たいてい閉店まで打ったものです。よく負けましたが、フィーバー当たると興奮しましたね。パチンコ屋の上階がサウナになっていて、そこに泊まるのが常でした」

パチンコ店には、制服着用を義務づけられている新人自衛官の姿もあった。

一方で、数は少ないものの浪費をしない堅実な者もいた。

「全然外出せず、金ばかりためている奴いましたよ。そんな奴は変人扱いされるというか、『金たまっていいよな!』なんて嫌味を言われたものです」

金山は、付き合いが悪いと見られるのが嫌で、麻雀も賭けトランプも、誘われると断れずに付き合った。外出すると、有り金をすべてはたく暮らしを続けた。

「とにかく、財布にあるお金を全部使わないと気がすまない。酒や女、ギャンブルに金使いはたして、身動き取れなくなりますよね。営内舎にこもる。またストレス溜まって……。

自衛官がケンカとか事故起こしたら新聞記事で書かれるでしょ。規則、規則で縛られて、髪型や服装も決められて。仕事のことは話すな、借金するな——と、とにかくうるさいんです。まるで子ども扱いですよ」

息苦しさから逃れるための手段が、ギャンブルであり酒だった。

安保闘争が激しかった時代には、外出がしばしば制限され、若い隊員を苦しめた。「自衛隊反対」を訴える抗議行動が、部隊の前で行われたりすると、金山らは警備要員として駆り出されるのだ。抗議を前にして、若い隊員らの関心事は日本の未来でも、自衛隊の役割でもなかった。

「遊びに行けないなあ……」

最大の問題は警備強化による「外出禁止」だった。

入隊して一〇年余りたったころ、金山は昇任試験に合格した。階級が上がることが決まったのに、彼の心中は複雑だった。

「生来、人の上に立つのは苦手だから。それと、自衛隊という組織に飽き飽きしてきたからね。何か、四六時中監視されているような重苦しさがあるんです。最後の方は、ほとんど惰性でやってましたよ」

自衛隊の仕事に情熱を失った。加えて借金のこともある。サラ金のことは部隊には隠し通していた。バレると居辛くなるのは必至だ。「借金は恥」という意識が自衛隊にはある。このまま自衛隊にいても手に職がつくわけでなし、外に出たときに何ができるかわからないという不安があった。

金山は自衛隊を退職した。

退官してから二〇余年が過ぎた。パチンコ店や肉体労働の職場を転々としながら、なんとか生計を立ててきた。相変わらずサラ金との縁は切れず、行き詰ったために司法書士のところへ相談に訪れたのである。だが、自衛隊を辞めたことを後悔したことはない。

「今の自衛隊の人は大変だね。イラク行って。行けと言われたら行くしかない。嫌なら辞めるしかないからね……」

懐かしさと気の毒さが入り混じったような顔をして、金山はぽつりと言った。

4　人間関係はつらいよ

戦場のような村

日中の最高気温が摂氏四〇度に迫ろうかという記録的な猛暑のさなか、航空自衛隊の飛行場が駐屯する村を訪れた。静かな田園地帯を抜けて電車が停まり、人気のまばらな駅を降り立った途端、度肝を抜かれる光景に出くわした。

真っ青な空の彼方に黒い三角形の影が姿を現し、見る見るうちに頭上に達する。耳をつんざくすさまじい轟音《ごうおん》が辺りを震わせた。訓練飛行中のF―15戦闘機である。灰色の翼に書かれた日の丸が、肉眼でも見える。地響きと神経を逆なでするような激しい金属音を発して飛び去った跡に、排煙のかすかに黒い帯が残る。石油臭い燃料臭が漂う。

しばしの静寂が戻り、セミの鳴き声が聞こえる――と、再び遠くから低いエンジン音が近づく。今度は二機そろってのタンデム飛行だ。轟音とともに急上昇すると右に急旋回、コックピットのガラスに真夏の太陽が反射する。その次はF―4戦闘機が、重く低く激しい音を立てて頭上を飛んでいく。

轟音と静寂が、いつまでも繰り返す。

村を歩きはじめると、じきに中学校に差し掛かった。夏休みに入ったばかりで、グランドで生徒たちが野球の練習をしている。その真上を何機もの戦闘機が飛び去る。誰も驚く様子はない。

——すごい音ですね。

強烈な日差しから逃げるようにして入った八百屋で、女主人に話しかけた。

「いつもこんなもんですよ。テレビの音が聞こえない」

——誰も文句言わないんですか？

「文句って、誰に文句言ったらいいのかね？ アハハハ……」

日に焼けた顔で女主人が明るく笑う。戦争でも始まったかのような騒々しさと、農村ののどかな暮らしぶりが、不思議なアンバランスを感じさせた。

航空自衛官の柳本一郎はこの基地の整備隊員だ。戦闘機の整備に携わっている。超音速で飛ぶ最新鋭戦闘機を整備するなど、想像しただけで複雑そうだ。さぞ大変な仕事なのだろう——と思いきや「そんなこともありませんよ」とこともなげに話す。

仕事そのものの難しさよりも、もっと大変な問題があるのだという。

「人間関係というのは本当にやっかいですね」

柳本はそう繰り返し、苦い体験を告白した。

「あれは入隊して七～八年くらいのころでした。当時私は、後輩を何人も受け持っていました。どんな職場でも同じだと思いますが、仕事する上でうまくコミュニケーションを図る必要を感じてて、後輩を連れて飲みに行ったんです」

総勢五～六人で最寄りの町に繰り出し、居酒屋に入った。

「言いたいことがあれば、無礼講だから何でも言っていいから……」

宴会は和やかに始まった。「最近、こんな面白いことがあった」などという他愛のない話から、話題はやがて、いつものように職場の不平不満に移っていった。

「あの上司は、どうしてえこひいきをするのか」

「Aさんとペアを組みたくない。変えてもらえないか」

直属の上司には言いにくいことでも、先輩格の柳本には訴えやすいのか、隊員らは口々に不満を打ち明けた。無論、柳本自身にも言いたいことはあったが、ぐっと我慢して聞き役に徹した。生ビールを何杯か飲むと、次の店に移った。焼酎の五合ビンが数本も空になったころ、宴会はお開きとなった。後輩連中も、ぼやくだけぼやくと気持ちが落ち着いたのか、みな上機嫌だった。

「じゃ、お疲れ様！」

一同は解散。柳本も、ほっとした気分で夜道を家路につこうとした、その直後である。何者かが近づいてきたような気がした。とっさに体をかわしたつもりだったが、次の瞬間、男の怒鳴り声がした。

「何するんだ!!　いててて」

顔を上げると、酔っ払ったチンピラ風の二人組みが立ちはだかっていた。

「お前がぶつかってくるから、怪我したじゃないか。金払え！」

二人組は猛然と絡んできた。

――ぶつかった覚えなどない。だがここでもめては部隊に知れる、マズイ……。

柳本はうろたえた。

「大卒」と威張る奴、引きこもる奴

柳本は、高卒で自衛隊に入った。特に自衛隊を希望していたわけではない。民間の会社を受けたがすべて断わられ、将来の身の振り方を決めかねていたところを地連にスカウトされたのだ。気乗りはしなかったが、親に薦《すす》められてしぶしぶ入った。

「自衛隊は規則がうるさい」と聞いていたものの、想像していたよりは楽だった。

「やっぱり自衛隊だな――と思ったのは教育隊にいた最初の数ヶ月くらいのものでしたよ。体を鍛えて、体重も落ちた。でもその後、整備に配属されてからは、まるで民間の整備工場にいるようなごく普通の職場です」

予定表に従って定期修理をしながら、飛行機が飛ぶたびに点検・修理を行う。

「一度飛行すると、必ずどっか故障しますからね。故障があれば優先的に直すんです」

修理の仕事の合間に教練が入ると、それもこなす。二四時間体勢の交替勤務。基本的に二人一組のペアで持ち場につく。

「確かに、人間関係の問題はどこに行ってもあるでしょうね。みんなわがままに、自己主張しているだけでは永遠に終わらない問題ですよ」

そう言いながら、柳本は、先輩―後輩関係と階級が入り組んだ自衛隊の人間関係の複雑さを説明する。

「自衛隊の上下関係は階級がすべてではありません。入って何年目かというキャリアが大事なんです。昇進して階級が上がっても、先輩―後輩の関係は重んじなければならないんです」

まるで大学の体育会のようだ。

「また、私のように入隊して年数がたってくると、必然的に後輩連中の面倒も見るようになります。でも、最近はどう接していいかわからない隊員が多くて……」

柳本は戸惑った表情で打ち明ける。気を遣う後輩隊員の一例としてまず挙げたのは「引きこもり隊員」だった。

「土日の休日には営舎の中で、朝から晩までゲーム漬け。部屋の相棒とはまったく話をしない。こちらから話しかけないと口を利かない。そんな隊員がいましてね」

ストレスがあるのだろうと思い、土日にはできるだけ好きなことをさせてリラックスさせるように気を遣ったが、変化はなかったという。コミュニケーション不足は事故の元でもあるので、彼には危険な仕事をさせないよう配慮した。

この隊員は、やがて部隊を去っていった。

「自分は頭がいい」と思い込んでいる隊員にも苦労するという。

「大卒で一般隊員として自衛隊に入って、新米なのに『自分は大卒だから頭がいい』と思い込んでいる奴がたまにいるんです。こういう人物は接するのが難しいですねえ」

同じ職場で働く隊員から苦情が上がってくる。

「あの人は後輩なのに、指導しても話を聞いてくれない」

「何を言っても『はい、はい』と知ったかぶり、どうにかしてくださいよ！」

不況の影響もあって、最近は大卒で入っている隊員が増加、それに伴ってますます人間関係はややこしくなっていると柳本は嘆く。

民間の会社を経験して入隊してきた隊員についても、摩擦が生じることがままある。階級だけでなく、先輩―後輩関係を重んじる自衛隊の中では、民間会社の経験者も大卒（一般隊員）と同様に異文化なのだ。

こうした苦情や不満に、いちいち気を配り、ガス抜きをしてコミュニケーションを図るのが自分がやるべき職務だと、柳本は真面目に考えてきた。後輩を集めて前述の飲み会を企画したのも、少しでもいい環境で働きたいという職場への愛着があったからである。

チンピラに絡まれサラ金へ

さて、チンピラに絡まれた柳本はどうなったか。

「ぶつかっていない！」

柳本は切り返したが、チンピラに引き下がる気配はない。

「どうするんだ！　金払え！」

二人組はすごむ一方だ。酔いの回った頭で、柳本は考えた。ありのままを上官に話せばどうなるのか。

「後輩を連れて休日に飲みに出て、チンピラに絡まれました。相手は怪我をしたと言って金を要求してきています」

「なんで、そんなところへ行くんだ。しかも隊員を連れて！」

上官に叱責されるのは目に見えていた。騒ぎが大きくなるのはマズイ、穏便に済ませる方法はないだろうか。柳本はチンピラに携帯電話の番号を伝え、その場を収めた。

果たして数日後、男から携帯電話に連絡が入った。

「この前、ぶつかられてケガをした者だ。病院に行ったら腕の骨が折れていた。とりあえず慰謝料として一〇万円送ってくれ」

法外な要求に柳本は驚いたが、部隊に知られることだけは避けたかった。妻にも内緒にしておきたい。だが、手元に貯金があるわけでもない。追い詰められた心境で逡巡《しゅんじゅん》した挙げ句、柳本はサラ金に走ったのだった。

部隊から離れた場所にある大手サラ金の無人機に入り、融資を申し込んだ。ものの三〇分で現金一〇万円が出てきた。

「知った人に見られるんじゃないかとどきどきしました。何か悪いことでもしているような気分で……」

サラ金で借りた一〇万円を、柳本は男の指示する口座に振り込んだ。ほっとしたのもつかの間、男はまたもや金を要求してきた。

「治療費に三〇万円ほどかかった。払ってくれ」

「え、まさか」と驚いたが、部隊に知られるのは恐い。柳本はふたたびサラ金に走り三〇万円を借りた。今度は、カードをＡＴＭに差し込み暗証番号を押すだけで金を引き出すことができた。

借金地獄が始まったのはここからだ。

柳本は、二人の幼児と妻の四人暮らしである。家計は妻が握っており、夫のこずかいは月一万五〇〇〇円。食事もコーヒーも部隊で済ませるから、外で浪費さえしなければこれでも困ることはない。ガソリン代とタバコ代としては十分だ。

だが、サラ金四〇万円の返済をするとなる話は別だ。返済だけで月二万円。一万五〇〇〇円のこずかいではどうあがいても払えっこない。柳本は、そうした現実を直視するのが恐かった。妻に打ち明ける勇気はなく、サラ金で借りては返済に当てるという蟻地獄に自ら入っていったのである。

部隊では、しばしば「借財」の恐ろしさを啓発する教育が行われる。

――他の部隊で、サラ金で借りて多重債務者となって困った隊員が出たらしい。ウチではそういう困った者はいないか？　心あたりのある者は相談するように。柳本は大丈夫なのか？

「こっちはドキッとしますよね。でも、打ち明けると叱責されるし、辞めなければならないかも知れませんから『大丈夫です』なんてやり過ごして……」

だが三年後、とうとう柳本の借金は家族にバレてしまった。計六社、負債総額三五〇万円に膨らんでいた。

実は、サラ金の金利にはカラクリがある。利息制限法の金利（上限年一五～二〇％）を主張して債務整理をすれば負債は大幅に減ってしまう。業者の主張する債務額を払う必要はない。知らないものが損をするのがサラ金なのだ（サラ金をめぐる問題については拙著『サラ金・ヤミ金大爆発』＝花伝社＝に詳しい）。

無論、そんなややこしいカラクリを知る由もない柳本は、退職を覚悟した。

「トラックの運転手やろうとも思いましたが、大型の免許持っているわけでなし、悩みました。陸上自衛隊の施設部隊なんかだと免許取れるんですが」

柳本は、弁護士を探して債務整理を委任。同時に、自衛隊に残る唯一の手段として昇進試験にかけた。英語、数学、社会……高校の時にあれほど苦手だった勉強に、「私の人生でかつてない熱意」で取り組んだ。妻子もその背を不安な思いで見守った。

猛勉強の成果あって柳本は運良く試験に合格し、無事昇進を果たした。自衛隊を辞めなくて済んだ。子どももすくすくと成長し、狭い官舎で一家四人の幸せな生活を送っている。

最初は気乗りのしなかった自衛隊入隊だが、今ではそう悪いところじゃないと思っている。

「陸上自衛隊や海上自衛隊のことは知らないが、少なくとも私の周りではイジメのようなことはありませんから」

甘えて膝に乗ってくる子どもの相手をしながら、柳本は穏やかに言った。

5　パチンコ漬けの先輩は今どこに……

俺は気楽な運送屋

四角い弁当箱を立てたような個性のない建物が延々と続く。棟の番号表示がなければ自宅にさえたどり着けないのではないか——などと余計な心配をしてしまう。東日本の陸上自衛隊某駐屯地。赤茶けた土の広がる訓練施設に隣接して、鉄筋コンクリート五階建ての官舎の群が広がっていた。

私が初めて官舎を訪れたのは、ある人物＝Cさん＝を探していたときだった。Cさんとその一家は、十数年前までこの官舎の一角で暮らしていたと聞いていた。「近所の人に聞いて回ればじきに消息はわかるだろう」とたかをくくっていたものの、消息をたどる作業は難航を極めた。

——Cさん存知ですか？　十数年前までここにいた方なんですが

「さあ……ここは二、三年で転勤になりますからね」

Cさんが住んでいたはずの棟には、誰一人覚えている住人は残っていなかった。二〇年近く住んでいる世話役ですら「ここは、何千人といるところですから。しかも入れ替わりが激しくて調べようがありません」とさじを投げた。

学校へ行けば、Cさんの子どもを覚えている先生や職員が残っているに違いない。そう考えて中学校を訪ねた。そこは数百人いる生徒の九割以上が自衛官の家族で占められた〝自衛隊中学〟だった。

「年間ざっと半数が転校します。先生自身の入れ替わりも激しい。私たちも地元の人間ではありませんから……」

昔の生徒のことなどいちいち覚えているわけがないだろう、とでも言いたげな冷めた雰囲気が、対応した教師の表情に漂った。

官舎群の周りを見渡せば、道路、団地、そして駐屯地しかない。一日中歩き続け、手がかりを探したがただの徒労に終わった。

「何千人も住んでいるのに、生活の匂いがまったくしない町だ……」

どうしようもない疲労感だけが残った。

駐屯地と官舎を隔てるのは金網一枚だ。駐屯地側には緑色のテントが幾張りか設営され、軍用ジープが停まっている。迷彩服の自衛官がのんびりと歩く。それをフェンス越しに目の当たりにして、官舎側では砂場で幼児が無心に遊んでいる。軍用ジープと砂遊びする幼児が同居する奇妙な光景があった。

「そのフェンスの向こう側、駐屯地の中に営内舎があって、そこが私の住まいなんですよ。官舎は妻帯者用です。私も早くフェンスの外に出たいんですが、独身ですから官舎には入れてもらえません。

官舎と駐屯地の間にあるのは何の変哲もない金網のフェンスでしょ。でも勝手に乗り越えると大変なことになります。脱走事件です。『あっちの世界』に行くには外出許可が必要なんです」

岡本史郎（二〇歳代、三曹）は、冗談ぽく説明する。

営舎では一五畳敷くらいの広さの部屋を二〜三人で使う。

「昔は一〇人ほど詰め込まれてタコ部屋状態だったらしいですね。ま、駐屯地には食堂もあって金はかかりません」

岡本は陸上自衛隊の輸送部隊に所属するトラックの運転手だ。朝が来ると集合して朝礼。車列を組んで富士の演習場などへ出かける。演習が終われば撤収する。輸送計画に従って淡々と仕事をやる。資材置き場に行って荷を積んでは走り、目的地に着いたら荷を下ろす。食糧や水、制服、武器、装甲車――なんでも運ぶ。大きな荷物は楽だが、小物は面倒臭い。

「特にご飯関係は疲れます。フォークリフトで上げても、結局最後は一個一個手作業で積み下ろしをやるんです。人海戦術。自衛隊のトラックは横のドアが開かないですから。缶詰なんて最悪。重いし、小さいし、数あるし」

荷台に人間を乗せて走ることもある。

「高速道路を走っていると、後ろの車がついて来なくなった。どうしたんだろうと思って携帯電話をかけてみたら、『荷台の隊員がヘルメット落とした』と。無事回収して、事無きを得ました」

走らないときは、次回の輸送に備えて幌を着けたりはずしたり。たまに車を洗う。合間に雑用や雑談したり。

「要するにヒマで気楽な運送屋さんですよ」と岡本は笑う。

D先輩の頼み

二年先輩のD三曹（二〇歳代）が、輸送中隊に移ってきたのは数年前のことだ。Dは妻子持ちで、あこがれの官舎に住んでいた。仕事は岡本と同じトラックドライバーだ。演習などで一緒に隊列を組んで走ることも多かった。

「Dさんは二年先輩でも、階級は同じ三曹。お互い立場はヒラに毛が生えたようなもんでした」

岡本は、Dと特に親しくしていたわけでもなかったが、同じ職場だということでたまに飲みにいくことがあった。飲みに出るには班長に外出許可の申請書を出す。岡本ら班員は班長の命令に従う。班長は隊長の言うことを守る――それが自衛隊の仕組みである。

「外出許可お願いします」

「飲みに行くのか」

「そうです」

「今度は俺も行くぞ!」

班長はそう言ってハンコをついた。

D先輩の様子に異変を感じたのは、職場が一緒になって半年ほど過ぎた平日の夜のことだった。岡本が営内舎の部屋でくつろいでいると、突然、Dが部屋に入ってきた。何の用かと思っていると、Dの口から意外な言葉が飛び出した。

「スマンが金貸してくれ……五万円くらい。次の給料で返すから」

突然の頼みに岡本は当惑し、断った。Dはいったん引き下がったが、翌月になって再び金を無心した。

「お願いだから金貸してほしい」

「助けを求めるような表情で、あんまり困っている様子なので……」

余りの熱心さにほだされた岡本は、財布の中から二万円を出して渡した。先輩に金を貸すのは嫌な気分だった。

「来月返すから、ホントありがとう!!」

Dの謝辞を、岡本は複雑な心境で聞いていた。

「いったい何でお金が必要なのか、その辺りの事情はあえて聞きませんでした。仕事はまじめ。酒が好きで、飲んだら陽気になって。時々仕事のグチもこぼしてましたっけ」

ただ、Dが無類のパチンコ好きだという噂は聞いており「ひょっとしたらパチンコだろうか」

と推測した。

二万円は、翌月きちんと返済された。しばらくするとDはまた「金貸して」と来た。貸して、返す。二万円から三万円、五万円——と次第に金額が大きくなった。そんなやり取りを何度繰り返しただろうか。いつの間にか、貸したお金が返ってこなくなった。焦げ付きは、二〇万円前後に上った。

岡本は生来あまり金に執着がない性格である。「二〇万円くらい仕方ないか」と半ばあきらめかけていた頃、Dが相談を持ちかけてきた。

「話がある。ウチに来てもらえないか」

岡本はDの官舎を訪ね、サシ向かいで座った。Dは岡本に飲み物を出してから切り出した。

「実はね……ヤクザの女に手を出して大変なことになっているんだ。まとまった金を入れないと手を切ることができない」

真剣な表情で話すDを前に、岡本は半信半疑、「まるで他人事のような気分」で聞いていたという。構わずDは、テーブルの上の雑誌を手に取って広げ、そこに掲載されている広告を指して続けた。

「この業者でまとまったお金を借りるつもりなんだ。君に保証人になってほしい。借りている二〇万円も返すから。ヤミ金なんかじゃない、ちゃんとした業者だ」

保証人？——それまで他人事のような気分でいた岡本は「保証人」と聞いて我に返った。

「……い、嫌です」

「大丈夫だ。こうやって返済すれば数年で完済できるし。借り入れ額は二〇〇万円」

Dは、月々の返済額などを計算してみせた。

「嫌です」

「頼むから」

「家族に頼んだら？」

「女絡みでとても言えないんだ」

説得は三時間に及び、岡本はとうとう折れて承諾してしまった。


一週間後、Dと岡本は連れ立って、ある喫茶店に入った。「成金信販」（仮名）の者だというサラリーマン風の男が書類を出し、岡本に署名・捺印を求めた。融資元本は二〇〇万円。月六万二〇七四円×六〇回の返済——書類にはそう書かれてあった。

ヤクザ絡みの話だし、先輩の話もどこかおかしい。岡本は躊躇《ちゅうちょ》した。それでも、明日になれば職場で顔を合わせる仲である。断りにくかった。

「俺は絶対払うから。迷惑かけないから」

Dは念を押した。岡本はその言葉を信じて判をついた。

先輩が行方不明

二〇〇万円融資の保証人の欄に署名・捺印してから約三年がたち、岡本は当時のことをすっかり忘れていた。再び思い出したのは、成金信販から支払いの督促が来たからである。

「そう言えばD先輩の保証人になっていたんだ」

さっそくDに事情を尋ねた。彼は平然とこう言った。

「今は金がないが、借金をまとめて一本化したほうが得だということがわかったんだ。金利の安いところで四〇〇万円を借りることにした。弁護士に相談したら『その方がいい』と言っている。ついては、そっちの四〇〇万円の保証人になってくれないか」

思えば、このときすでにDは、サラ金とヤミ金に追い詰められて破綻していた。破産をするなり、調停をするなり、しかるべき法的手段を取るしか生活を建て直す手段はなかった。それにもかかわらず、Dは新たに借りる愚を犯した。借金地獄の中であがき、余計に傷口を広げる行為だった。

保証人の岡本もまた、多重債務の問題にはあまりにも疎く、悪徳業者を前に無防備だった。「サラ金二社から計四〇〇万円の融資が受けられる。得だから」と説明されて、承諾したのである。

後輩の岡本に保証人になってもらい四〇〇万円の融資を受けたDだったが、「仲介人」をカタる詐欺師に、数百万円をだまし取られた。Dがするべき返済もすぐに行き詰まり、督促が保証人の岡本のところへ来る始末だった。

いつしか、岡本自身もサラ金で金を借り、Dの借金の返済や自分のこずかいにあてていた。パチンコで憂さ晴らしをするうちに、瞬く間に三〇〇万円近い借金がサラ金にできてしまった。人のいい岡本も、さすがに心中穏やかではいられなくなってきた。岡本は思い切ってDに迫った。

「払ってほしい」

「俺には金がない。とりあえず月二万円ずつずっと払うから。信用してほしい」

Dはそう言った。信じても信じても、約束はたちまち反故にされた。仮に、Dに守る気があったとしてもどうしようもないほどの苦境だったのだ。

まもなく、Dは自衛隊を辞めた。

「自衛隊より給料のいいところで働くんだ。月四〇万円から五〇万円は稼げる」

そう調子よく話していた。そして辞めてから数ヶ月後、Dは連絡を絶った。岡本は言うべき言葉がなかった。

「もう（あきれて）怒りも何も沸いてきません。とにかくDさんとはかかわりになりたくない。結婚したいけれど、お金がないからできません」

多額の負債を抱えた岡本は上司に相談、多重債務問題の自助グループに駆け込んで一応の解決をみた。

岡本から話を聞いた後、私は、Ｄの消息を自助グループの相談員から聞くことができた。彼もまた借金地獄から抜け出そうと懸命にあがいていたようだ。グループの支援で多重債務からはいったん解放され、長距離トラックの運転手として再就職を果たし、張り切っていたころもあった。

「『就職できました！』と威勢良く挨拶に来ましたよ」と、相談員は振り返る。

でも、それからしばらく後、再びＤが自助グループの戸をたたいたときには、様子は一変していたという。憔悴しきって顔色はなかった。足を洗ったはずのパチンコやスロットマシーンにハマってしまったと後悔していた。ヤミ金二〇件から追われていた。「ギャンブル依存症」ではないかと悩んでいた。郷里から親も出てきた。一緒に郷里に戻ったまま、その後連絡はない。

「先日、郷里に電話をかけてみました。親御さんも居場所を知らない様子でした。どこで何しているんでしょう。元気にしているといいんですが……」

自助グループの相談員は心配そうにつぶやいた。

6　自殺という日常

同僚の自殺未遂

「この一年だけで、ウチの官舎で二件の自殺がありましたよ。二人とも首吊り。一人は亡くなりましたが、もう一人は同僚で未遂でした」

西日本の陸自駐屯地に所属する山岡哲夫(三〇歳代　陸曹)は話す。一命を取りとめた同僚は、部屋で首を吊り掛けていたところを発見されたのだという。「一〇〇〇万円以上の借金を抱えていたようだ」と、別人を通じて聞いた。

事件があってから二、三日というもの、部隊は噂で持ちきりとなった。

「やっぱり借金か。金ないのに飲みに行くからだ」

いろんな憶測が飛びかった。中には「俺、あいつに金貸していなくてよかった」という心無いことを言う者もいた。

自分の部隊のことならあまり話さない隊員たちも、ほかの部隊で事故が起きればたちまち噂になる。自殺未遂のことをとやかく噂するのを耳にして、山岡は嫌な思いに浸った。同時に後悔の念もよぎった。

「もっと、親身になって悩みを聞いてやっておけばよかった……」

山岡は続ける。

「借金＝お前が悪い――という意識が自衛隊にはあるんです。困って悩んでいても、親身に悩みを受け止める人が少なすぎるんです」

身近に見聞きしただけで、一〇人近くが自殺（未遂）している。ほとんどは借金絡みである。

「ある人は、ほかの部隊に転属になった途端、行方不明になって。『出勤して来ない、おかしい』と付近を捜索したら山の中で首吊り自殺をしようとしていた。借金を抱えて困っており、部隊の経費を何十万円か預かったままになっていたらしい。今から思えば、ふさぎ込んでいて、いつも一人ぼっちでしたよ」

自殺するのはヒラよりもむしろ幹部や中堅クラスの隊員に多い、と山岡は感じている。

「下っぱの隊員はへまをやっても上官や先輩に相談すればいいんです。でも幹部になると誰にも相談できない上に、部下を指導しなければならない。悩みを持っていたら苦しいと思います」

佐官クラスの大幹部が風呂場で首吊り自殺した事件もあったという。

自衛官が死亡すると、各部隊に情報が回覧される。別の陸自隊員は説明する。

「事故とか病気の場合は『入院加療中　〇月×日死去された……』などと書いているんですが、

時々『入院加療中』の記載がない回覧が来る。我々はそれを見て『ああ自殺だな』と察するんです」

従って、自殺があると噂がたちまち伝播する。

「この間、△さん自殺したんだって」

「昔、このぶら下がり器具で首吊った隊員がいた」

「あの人、借金で首が回らなくなって辞めたけど、今どうしているんかね」——辞めた隊員の噂もしばしば出る。

「金で自衛隊辞めた人ねえ。一人、二人、三人……私が知っているだけでも五人はいますかね。同期生でも連絡取れる人はほとんどいません。たぶん、誰も連絡したくないと思っているんじゃないでしょうか。消息はわかりませんが、自殺していたとしても不思議ではないですね」

山岡はさほど深刻な様子もなくそう言った。

「半年に一回は自殺の報を聞く。去年は七～八人は自殺したかな」と、航空自衛官の一人は打ち明ける。

半年くらい前だっただろうか、定年前の五〇歳代の曹長が行方不明になり、数ヵ月後に山の中で首吊り自殺しているのを発見されたことがあった。この曹長も多重債務者だった。

自衛官というと、体を鍛えた心身たくましい者たちの集まりである。その彼らがなぜ自殺するのか——疑問をぶつけたところ空自隊員は次のように答えた。

「いや、精神面は案外弱いと思う。上から命令されたことは大抵のことはやれるけど、自分ひとりで判断して行動する場面では悩む。そんな訓練を受けていませんから。縦は強いけど横は弱いのが自衛隊ですかね」

幹部が首吊り「昇任試験不正事件」

一九九九年、借金で困っているわけでもない幹部が自殺した。亡くなったのは、海上自衛隊の三尉の男性だった。三尉は、一九九九年四月九日の早朝、秋田県沖の日本海を航行していた護衛艦「さわゆき」（青森県大湊基地所属）の後部ヘリ収納庫の中で、首を吊った。彼は、艦内で行われた昇任試験の試験官を担当していたという。

当時の新聞は伝えている。

【海自昇任試験で不正疑惑　試験官の三尉自殺】

海上自衛隊の護衛艦内で先月行われた昇任試験で組織的な不正行為が行われた疑いのあることが九日わかった。また、同日午前、試験官を務めていた三等海尉（三尉）が艦内で自殺しているのが見つかった。海自は一〇日に事故調査委員会を設置し、不正が明らかになれば関係者を処分する。（「東京新聞」九九年四月一〇日付朝刊）

自殺が発見された当時、「さわゆき」は不正疑惑について調査を受けるため、横須賀の艦隊司令部に向かう途中だった。不正の内容は、受験生の海士らに幹部らが解答を教えたというものだ。

調査報告書によると、不正事件の顛末は次の通りである。

〈一九九九年二月二五日、「外用練習航海」の派遣部隊として護衛艦「みねゆき」「はまゆき」「さわゆき」「しまかぜ」が呉を出港、マレーシアへ向かった。

三月一一日、マレーシア・ポートクラン港に停泊中の各艦内で昇任筆記試験を実施。この際、「さわゆき」では、副長の指示で同艦幹部三～五名が、術科試験や一般教養試験の会場に入り、受験者に解答を教えた。また、「しまかぜ」艦内でも、一般教養試験中に幹部が「指で示したり、小声で正解を告げて」解答を教えた。〉

調査報告書では、さらに「一連の不正については『さわゆき』艦長ら多くの幹部が知る状況にあったが、誰も不正行為を制止しなかった」と幹部の責任を指摘している。

試験は階級によって数種類行われたが、不正があったのは特に難関といわれる三曹への昇任試験だった。

自衛隊入隊のコースは大きく分けて三種類ある。まず、「士（海上の場合は海士）」として入隊するコースが最も一般的だ。二年から三年の契約で務めるため「任期制自衛官」とも呼ばれる。

たとえばサラ金での借り入れなど、問題が発覚すると契約が更新されず退職を余儀なくされる。「任期制」で入隊して、定年まで務めようと思うと昇任試験をパスして「曹（海曹）」にならなければならない。

二つ目は、曹になることを前提として「曹候補士（将来曹になることが約束された士――の意）」として入隊するコースだ。これに入ると、ほぼ自動的に曹に上がることができる。三つ目は、防衛大などを経て入る幹部候補がある。

これら自衛官の入隊コースの中で、最も不安定な立場に置かれているのが、曹に上がる前の海士・陸士・空士といった「任期制自衛官」だ。

「さわゆき」の不正試験事件が、どうして三曹昇任試験であったのか――。この点について、報告書に興味深いことが書かれている。

「……背景に任期制隊員の昇任率の低下に関する部隊指揮官等の焦燥感がある。（中略）特に将来の少子化、高学歴化を考慮しながら、推薦制度を含む任期制隊員と曹候補士の三曹昇任率、さらに各級指揮官の推薦制度を含む昇任選考要領に関する検討を促進する必要がある。（略）」

つまり、経験を積んだ任期制隊員が試験に受からないばかりに、どんどん辞めざるを得ない状況に指揮官が焦りを感じ、解答を教えて合格させようとしたというのだ。

任期制自衛官が昇任試験に受かって曹になるには、涙ぐましい努力が必要だという。家庭教師をつけて受験勉強をする隊員もいるほどだ。それほど努力しても勉強の苦手な隊員だと、振るい落とされてしまう。

勉強ができずに辞めるはめになった元海上自衛官（士長）は、こうした「勉強偏重主義」を語気強く批判する。

「自衛官は曹になってしまえばこっちのもん、という感じがあります。一度昇任し損ねると、容易には上がれません。若くて仕事ができんけど、勉強できる奴がどんどん昇進して、経験積んでいても勉強苦手な俺みたいなのが取り残されてしまう。理不尽ですよ。

今は、とかく大卒隊員が多い。彼らは確かに頭はいいんです。でも頭がいいのと仕事ができるのは違う。私が上司なら仕事ができる人間を取りますよ。でも今の自衛隊は勉強できる奴が一番です」

「さわゆき」艦内で自殺した三尉が、いったい何を思って部下に昇任試験の答えを教えたのか。そして、何故に死んでしまったのか。自殺について、調査報告書は一言も触れてはいない。

第二章　護衛艦「さわぎり」自殺事件

海自基地に停泊中の護衛艦。警備の船艇が付近をせわしなく走り回る。

自衛官自殺の実態を知る手がかりはないものだろうか——模索するうちに、ある事件に行きあたった。護衛艦「さわぎり」自殺事件である。

一九九九年一一月八日の昼すぎ、和歌山県潮岬沖を演習航海中だった海上自衛隊佐世保基地所属の新鋭護衛艦「さわぎり」(一八〇人乗組み、三五五〇トン)船内で、ひとりの乗組員がロープで首を吊り自殺しているのが発見された。乗組員は西崎信太郎三曹だった。

後に残された幼い子どもと妻、両親らは、肉親の突如の死に嘆き悲しんだ。そして、自殺の真相を探るうち、ある疑問にぶち当たった。

「息子は、艦内でいじめられていたのではないか……いや、そうに違いない」

疑問とは「いじめ」だった。遺族の自衛隊に対する不審は募った。

新太郎を死に追いやったものは何なのか。その真相を明らかにしたい——事件から一年半が経過した二〇〇一年六月、遺族は悲痛な思いを胸に、自衛隊(国)を相手取り国家賠償請求訴訟を長崎地裁佐世保支部に起こした。

——時は過ぎ、今年(二〇〇四年)の秋で信太郎の五周忌がくる。裁判も続く。自衛隊はいじめの事実を認める気配はない。

護衛艦「さわぎり」の母港・佐世保基地（長崎県佐世保市）。古くから軍港として栄えた。

護衛艦が接岸する岸壁で作業をする海上自衛官（舞鶴基地）。

1　悪夢

二一歳の誕生日

一九九九年一一月八日は、西崎信太郎の二一歳の誕生日だった。宮崎市内の質素な一戸建てに夫の茂と二人で住む母・夏子は、朝食を済ませ少しうたた寝をしていた。電話のベルとともに怒鳴り声を聞いたような気がして目を覚ました。時計を見ると午前九時二〇分を少し過ぎていた。

「あなた、電話がかかった?」

夫に尋ねたが知らない様子で、空耳だろうと思った。

午前一一時半ごろ、今度は確かに電話が鳴り夏子は受話器を取った。電話の主は、息子・信太郎が乗艦している護衛艦「さわぎり」のM副長だった。

「お世話様になります」と、夏子は息子の上司に挨拶をした。

「ご主人に代わってください」

M氏が緊張した調子で言った。夫が横に来て受話器を受け取った。茂の柔和な表情が一気にこわばった。

「……信太郎が自殺をしたらしい。いま蘇生処置をしていると……」

夫の言葉に、夏子は体の奥で大きな音がしたような気がした。血が逆流し、体がぐるぐると回り、気が遠くなった。

一時間ほどして再びM副長から電話がかかった。駆けつけた夏子の兄が応対した。

――（救命は）難しい。蘇生処置を止めてもいいだろうか

「どうか続けてほしい」

悲痛なやり取りが交わされた。

「大丈夫だから、大丈夫だから」

動転する夏子や家族を兄が懸命に励ました。

どれくらい時間がたっただろうか、また艦から電話が入った。

「蘇生処置を断念しました……」

希望の糸を断つ残酷な知らせだった。

「まだどこに入港するか決まりません。決まったら連絡します」

「さわぎり」からの情報は要領を得ず、夏子らは居ても立ってもいられない思いで連絡を待った。

ようやく入港先がわかった時には、すでに夕方になっていた。明日一一月九日の早朝、母港の

佐世保港（長崎県佐世保市）に入るという。飛行機はもうない時間だ。夏子夫妻と兄はあわてて車に乗り、夜の高速道路を北上した。

車が佐世保に入ったのは夜の九時だった。信太郎が妻と幼な子と一緒に暮らしていた自衛隊官舎へと向かった。官舎の部屋には一足先に妻の家族が集まっていた。

一〇人近い親族でひしめいているところに、第二護衛艦群の司令という人物が訪ねてきた。

「私も訓練に参加していましたが、ヘリコプターで帰ってきました」

司令は、お悔やみの言葉もなくそう説明した。

「あなたに優しい気持ちがあるのなら、信太郎をどうしてヘリコプターに乗せて返してくれなかったんですか」

夏子はそう叫びたい気持ちをかろうじてこらえた。

信太郎の死――信じられない現実を前に、夏子・茂夫妻と、信太郎の妻には、ある心当たりがあった。

「上官に嫌がらせを受けていた」

信太郎は生前、しばしばそう訴えていたのである。

夏子が手帳に記した電話のメモには、信太郎の言葉が残されている。

「……班長部下をいじめる、M君。（略）ずっと何につけてもいじめる。船に来るのが嫌になって辛そう」

「(別の班長は)……焼酎ばかり飲んでいる。飯場だよ、飯場。ばくちはお金が動くんだよ」

信太郎を死に追いやったのは、いじめではないだろうか。いや、そうに違いない——遺族の心にわだかまりが膨らんだ。

そのわだかまりを夏子は、官舎を訪れた司令にぶつけた。

「(調査は)警務隊がしますでしょ。飲酒は飲んでいいとき以外は飲みませんし、賭け事はマッチ棒で掛けるのです。私もやったことがあります」

司令は、悪びれることなく、笑みさえ浮かべてそう答えたという。

金属の箱に横たわって……

一一月九日午前七時半、指定された時間より早めに遺族の一行は海上自衛隊佐世保総監部へと車を走らせた。米軍施設に面した小高い丘の上に総監部はある。短い坂を上って警備の自衛官に要件を伝えると、中に通された。

一行は待ち合い室に案内された。

「信太郎はどうしているのだろうか。早く会いたい。早く会せてほしい」

夏子はひたすら思った。だが一時間が経っても何の連絡もない。待ちぼうけが続いた。実は、この時、すでに艦は岸壁に着いていたのだが、遺族との対面を待たせたまま警務隊の検死作業が行われていたのだった。

そんなことはつゆ知らず、ひたすら待っている夏子は、混乱する頭で、これから艦長にぶつけようとしている質問を、もう一度反芻した。

質問一＝信太郎と最後に仕事をした人は誰か

質問二＝信太郎を最後に見た人物は誰か

質問三＝一〇月三〇日の「三〇分待機」事件について説明してほしい

「三〇分待機」とは、三〇分以内に出港するため、それに備えて自宅などで準備して待機せよ——という指示を指す。

何者かにウソの待機指示をされ、休日にもかかわらず自宅から一歩も出られなかった。そういう嫌がらせを受けたことがあると、信太郎は訴えていたのである。事の顛末はこうだ。

〈一〇月三〇日(土曜日)午前一〇時すぎ、信太郎は当直明けで官舎に戻ってきた。そのまま子どもと砂場で遊んでいたところ、官舎に部隊から電話がかかってきた。電話に出た妻が「夫は携帯電話を持って砂場にいます」と説明したが、電話の主の男は「電話口に呼んでくるように」と言った。

妻に呼ばれた信太郎が官舎に戻り、電話に出ると男は〝三〇分待機〟だから外出するな」と指示をした。信太郎が「携帯電話を持っています。砂場にいてもだめですか」と言うと、「家から一歩も出るな」と、男は強調した。

信太郎は仕方なく、砂遊びを中断して自宅に戻り待機指示が解除になるのを待った。だが、いつまで経っても連絡はなく、終日自宅に閉じこもる結果となった。

休日が明けて出勤し、同僚らに「待機」の件と尋ねたところ、実は家に閉じこもっていたのは信太郎ひとりだったことがわかった〉

この「三〇分待機」は、信太郎をいじめる目的でされたものだろう。どんな気持ちだったのか。夏子は息子の無念を思った。

総監部に到着して二時間が経っただろうか。ようやく遺族の一行はマイクロバスに乗せられ岸壁へと走りだした。やがて灰色の船体、そして何十人もの隊員が整列しているのが夏子の目に入った。車を降り、船に続くタラップを上がった。

「信ちゃん、信ちゃん、信ちゃんはどこ‼」

いつしか息子の名前を叫んでいた。

艦内に入っても信太郎にはまだ会せてはもらえず、夏子らは広い食堂で、艦長ら幹部と向き合って座らされた。親族の男性が感情をこらえて質問を始めた。

「艦長さん、一〇月三〇日の待機の時間はどのくらいでしたか？」

夏子の記憶によると、このとき艦長はためらいもなく次のように即答したという。

「はい二時間です」

三〇分待機はやはり、信太郎をイジメるウソだったのか――夏子ら遺族は暗澹《あんたん》たる気持ちに突き落とされた（ただしこの問題は後の訴訟で、国側がウソではないと釈明）。

——最後に見たのは誰？　どうして助けてくれなかったのか？　最後に仕事をしたのは？　あなただろう、年端もいかない若者をいじめて、許せない！——

沈痛な空気の中で、激しいやり取りが続いた。

信太郎は船内の医務室で、冷たい金属製の箱の中に制服を着て横たわっていた。線香もない。その姿が夏子にはあまりにかわいそうで、ただ亡骸に取りすがって泣いた。

どのくらい時間がたっただろう、乗組員に促されて医務室を後にした。夏子は力を振り絞り、傍らの艦長に訴えた。

「艦長さん、乗組員はあなたの子どもと同じでしょう。今度の件はあなたが『艦長の私が責任を取るから本当のことを証言するように』と皆さんに言ってください」

「はい、わかりました。必ず」

艦長は確かにそう答えた。

通夜

通夜は信太郎の生地・宮崎で行われた。自衛官も多数参列し、そのうち信太郎と同じ「さわぎり」の機関科員数名が集まって遺族と話す機会があった。遺族はこの時、概ね次のことを聞かされたという。

――信太郎はあまり目立たない性格だった。八月後半くらいから長崎で修理に入ったが、そのころから悩んでいたようだ。一生懸命勉強していた。「仕事は皆でするものだから、皆でするときに覚えればいい。そんなに心配することはない」と言ってやった。

――同じ機関科員として、よく将棋をした。

「西崎、おい将棋をしようか」

「はい、しましょうか」

そんな調子だったが、最近はやや元気がない様子で、しばらく将棋をしていなかった。亡くなる前日、突然、信太郎が「将棋をしてください」と言ってきたので相手になった。

――艦内でやる賭け事は、実際にお金をかけてやる。勝つ人は一晩で何万円か勝つこともある。ただし、信太郎は賭け事をしたことはない。

――酒を飲む者は、就寝前に飲む。信太郎が乗り組んできたときに「お前も飲まんや」と誘ったが、彼は「自分は飲めません」と断った。以後は誘っていない。

――信太郎は、仕事上の失敗をしたことはない。勤務が一緒だった者は「信太郎は一生懸命に勉強をしていた。仕事もやっていた」と評価していた。

――八月の終わりごろ、信太郎と一緒にゴルフの打ちっぱなしに行った。「この航海が終わったら、また二人で行こう」と約束を交わし、楽しみにしていた。

――去年（一九九八年）の四月二五日にも航海中の「さわぎり」から転落して、行方不明になった乗組員がいる。彼は泥酔状態だった。

通夜には信太郎の上司であるN分隊長も参列した。N分隊長は時折泣き崩れ、語ったという。

「いじめを見たことがないというのは語弊《ごへい》があるが、集中的にやられている者はいた。怒鳴《どな》られ、殴られるのは見たことがある。（殴られた乗組員は）物陰で泣いていた。私は『かわいそうになあ、でもみんな殴りたくて殴っているんじゃないぞ』と慰めた」

「……いじめがなかったとは言いません。はっきり言って、私より若い人間が死んだということが一番悔しいのです」

また、信太郎が最も苦手としていたA班長については「（高級酒を贈るよう要求されて）信太郎はAから随分ひどい言われかたをしていた」「はっきり言って、私は班長を信用できない」などと語ったと、夏子は話す。

この夜のやりとりについてN分隊長は、後の裁判で次のように釈明している。

「通夜に参列した後、遺族に呼ばれた際に、私は、班長を信用していないとも発言したと思いますが、それは、私は術科面では班長を絶対に信頼していますが、班員の身上把握という意味ではどうかわからない、という意味で話したと思います（中略）。

ベテランの海曹である班長（中略）……彼ら（班長）が、班員から悩みを聞き出すための彼らなりの熟練したテクニックを私が理解できなかったことと、本来、事故調査をしてみなければ真実はわからないと思っていたことから、私は現段階ではいじめがなかったとは言い切れないというような言葉を口にしたと思います。

この件は、私自身が班長等の十分な把握ができていなかったことと、分隊員に対する身上把握の手法の未熟さに起因する不安から口にした、軽率な発言であったと反省しています」

経験のある班長を疑ってすまなかった——陳述からはベテラン班長への遠慮が伺える。

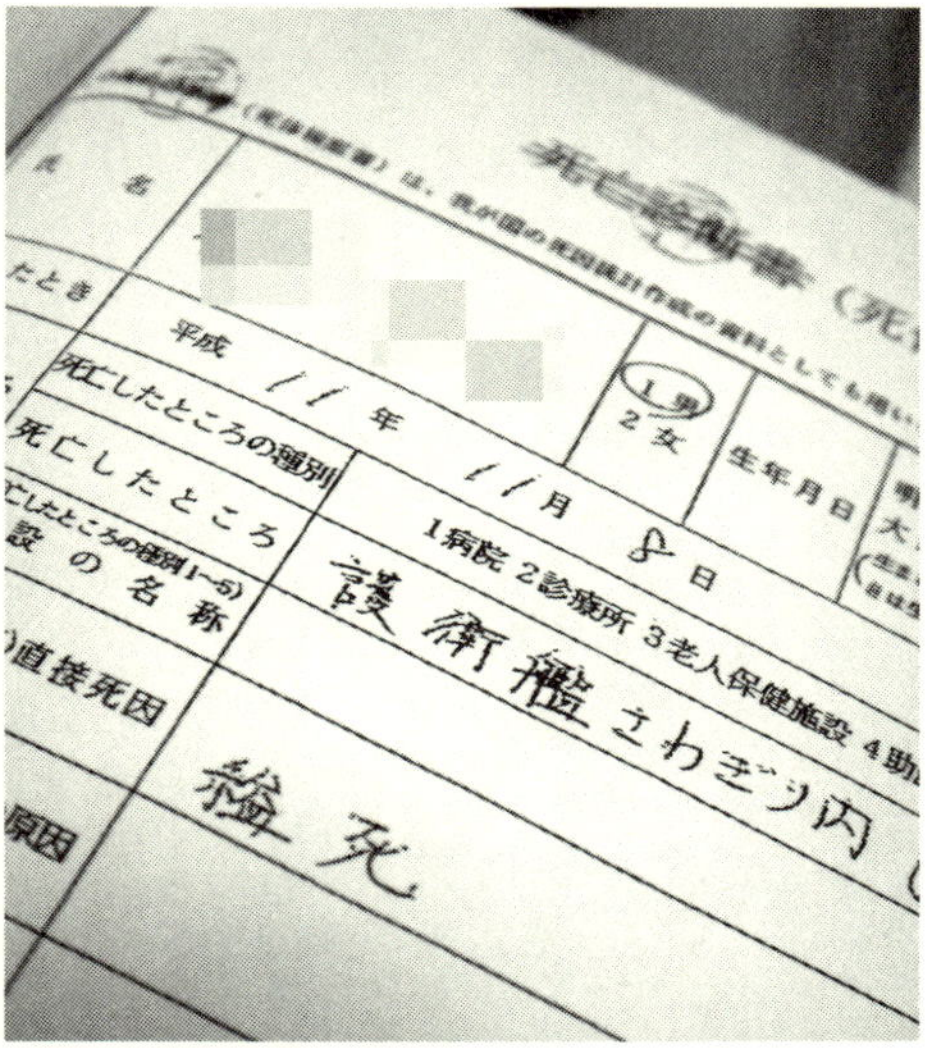

海自医務官によって書かれた西崎三曹の死亡検案書。

通夜が明け、葬儀が催された。棺には旭日旗が掛けられた。出棺が終わったころ、夏子は気が遠くなっていた。幼い信太郎が、うつむいたまま険しい山をとぼとぼ登っていくのが脳裏に浮かんだ。手の届かないところにいる信太郎……。

我に返ると夏子は病院で点滴をうけていた。傍らには信太郎の妻がいた。彼女もまた気を失っていた。

「信太郎はもっと苦しいのだから」

妻は、横になることを拒み、椅子にすわって点滴を受けていた。悲嘆のあまり、食事も水も喉を通らずやつれ切ってしまっていた。その様子が夏子には不憫でたまらず、胸の苦しみに拍車をかけた。

2　「日本のために」

手紙

信太郎は一九七八年一一月八日、宮崎市で誕生した。事情あって、幼い時に両親が離婚。信太郎は母・夏子に引き取られた。「動物や植物が大好きな子どもでした」と夏子は振り返る。幼稚園の時に書いたという詩には、その性格がにじむ。

「かなりや」
うちのかなりやはわるい
かなりやはもうひとつのかなりやをいじめる
だからおかあさんがかなりやをにぎった
するとしんだようにめをつぶった
ぼくがはなしてやってといいました
おかあさんがはなしてやりました

おかあさんがむこうにいきました
そしたらぴょんときのうえにのぼりました
ひゃひゃひゃとなきました

小学生六年生の時のことだった。

「引っ越した先の五階建てのアパートで、鳥よけの網にハトがかかっていたんです。それを、信太郎は一生懸命助けていました。

『高いところは危ないから』との心配もよそに、信太郎はこう言ったものです。

『動物病院の先生が、ハトは野鳥だから大切にしなければいけない、と言っていたじゃない。僕は気をつけて登っていくから大丈夫。でもハトはそのままにしておくと死んでしまうよ』と。優しい子でした」（夏子）

中学校に入学するころには、水泳にバレーボールと、スポーツの得意な快活な少年に育っていた。一方で、ちょうどイラクでは湾岸戦争が勃発、連日大きく報じられていたときでもあった。一九九〇年。そのことが、多感な少年・信太郎に何らかの影響を与えたのかどうか。中学一年の終わりに、信太郎は自分の将来について「二〇年後」と題して夢を語っている。

「一〇年後」

一〇年後。ぼくたち中学一年生は、二三歳になっています。二三歳といえばもう選挙権も得て社会人になって、未来をしょっていると思います。

僕の夢は、家はもちろん、他の人や国のためになにかしたいと思っています。たとえば（地方）公務員や国家公務員です。

しかし、ある人によると「一九九九年世界は滅亡する」というのです。ぼくはウソらしいなあと思っていましたが、今の様子だと危ないと思いはじめました。なぜなら今の人間は、陸、海、空と地球に大切なものを失いそうになっているからです。詳しく言うと陸は熱帯雨林などの伐採。海は湾岸戦争での汚染。空は大気の汚染。我々人間は失敗をしすぎたと思います。

ぼくはテレビで湾岸戦争でイラクが流した原油にまみれた海鳥をみた記憶があります（注）。まだ憶えていますが、あの海が元の姿に戻るのに約二〇〇年もかかるそうです。

人間は、まさに今、名誉挽回するときだと思います。

平和と自然を愛し、希望に満ちた少年の心に、自衛隊への憧れが芽生えはじめていた。

（注）原油流出は米軍の爆撃によるものでイラク犯人説はでっち上げだったことが後に判明した。

母の思い出

まもなく信太郎は中学校を転校し、そこで上級生のイジメに遭う。ひどく殴られて怪我をして帰ってきたこともあった。

「三年生に呼び出され、トイレに連れていかれて殴られた。怒って殴り返したら二人掛かりでやられたんです」と夏子は振り返る。

「怪我をして帰宅しようとしたら職員室に呼ばれた。行ったら僕を殴った三年生二人も呼ばれていて、先生にけんかの理由を聞かれたんだ。三年生二人はいろいろ言い訳をしていたから、僕は『三年生はウソつきだと思います』と言ってやったよ」

信太郎は、泣き言ひとつ言わず、憤慨した様子で夏子に説明した。

上級生に殴られてもひるむどころか、休みがちな同級生を迎えにいくほどの張り切りぶりで登校を続けた。数日後、夏子は三年生の親から「本当にすみませんでした」とわびの電話を受け、事件は一件落着した。信太郎は本当に勇気と正義感を備えた子だ——それが両親の自慢だった。

親の期待に答えて、信太郎は希望していた公立の進学高校に入学した。自宅の近くの公立高校へ進学することが、両親へのプレゼントだった。

高校ではボクシングと水泳を本格的に始めた。体を鍛え、日々たくましくなる息子を見ながら、「男らしくなった」と夏子は頼もしい思いだった。

正義感の強さも相変わらずだった。路上でかつあげ（恐喝）の現場を目撃し、被害者に替わって犯人の高校生二人組みを撃退したこともある。

「ぼくは私服だったので大人のふりをして『奪った財布を返しなさい』と言ってやった。高校生の二人組は殴り掛かってきたけど、やっつけて財布を取り返したよ」

笑いながら話す息子を、夏子ははらはらする思いで眺めていた。

信太郎が、自衛官の道を進むことを決心したのは高校二年のときである。両親を前に「海上自衛隊一般曹候補学生」を目指したいのだと打ち明けた。

「大学を出て行く幹部候補生というのもあるが、難しいようだ。早く自衛隊に行きたいから、曹候補学生に進みたい」

信太郎は熱心にそう説明し、試験問題集を見せたという。

曹候補学生とは、入隊時には一般の任期自衛官より難しい試験があるが、いったん受かれば短期間で曹になれる自衛隊の入隊コースのひとつだ。

時を同じくして、カンボジア、そしてモザンビークへのＰＫＯ自衛隊派遣が大きく報じられ、自衛隊の役割が大きく転換しようとしていた。

「社会の役に立つ男らしい仕事をしたい」「国際貢献の時代だから、自衛隊は今までとは違ってくるだろう」

信太郎は自衛隊への期待を膨らませていた。両親に、「自衛隊に行くな」という理由は何もなかった。

受験勉強に励んだかいあって、競争率十数倍という難関をくぐり抜け、信太郎は曹候補学生に合格した。合格すると、信太郎はいっそう勉強にいそしんだ。自衛隊や防衛に関する書籍を読み、広島・長崎の原爆やドイツのアウシュビッツ強制収容所といった戦争の惨禍と平和に関する勉強にも余念がなかった。


新しい年を迎え、地元の宮崎で自衛隊入隊者を送り出す壮行会が開かれた。

「よい子を育ててくれました。息子さんのことで何があったら力になりますので、何でも言ってください」

面識のある来賓がかけてくれた言葉が、夏子にはとてもうれしく、誇らしく思えた。

あこがれの自衛官に

一九九七年春、信太郎は高校を卒業、曹候補学生として自衛隊の門をくぐり、まず佐世保の教育隊で三ヶ月間の訓練に入った。

「皆さんの大事なお子さんをお預かりしますが、必ず立派な自衛官に、立派な人間に育てますのでどうぞご安心ください」

夏子は入隊式で幹部が挨拶した文句を覚えている。

訓練は厳しく、信太郎は足を疲労骨折するほどだった。それでも抜群の運動神経を発揮して、運動能力試験は全種目一級という全国でもまれにみる好成績を残し、名誉の金バッジを手にした。特に水泳は得意で、信太郎のいた第六分隊が水泳大会で優勝するという活躍ぶりだった。

入隊当時の心境を信太郎は、隊のアンケートに記している。

――隊門をくぐった時、どのような印象を持ちましたか？

「海と艦が見えて、自分も早く艦に乗りたいと思いました」

――あなたは今何を一番心配していますか。

「今、父が東京に単身赴任しているので、宮崎には母しかいないことです」

――あなたの将来の希望について書いてください。

「自分は将来、潜水艦に乗りたいと思っています。そして、日本の平和および、世界平和のために、海上自衛隊に出動命令が出た場合は、自ら進んでその任務に就きたいと思います」

（「入隊に際しての所感」より）

教育隊で心身ともに受けた自衛隊教育を、信太郎は違和感なく受け入れていた。ある講師の話に対する感想として、こうも書いている。

「命は岩石よりも重いが鴻毛より軽いもの――という言葉を聞いて、自衛隊員として国を守り、国民を守り、家族を守ることに命をかけ（ら）れてよかったと思いました」

教育隊で数ヶ月間搾《しぼ》られた次は術科学校だ。それが終わると初めての実地訓練として実習船に乗り込んだ。信太郎が選択したのはガスタービン課程というコースだった。入隊当初は潜水艦乗りを希望していた信太郎だが、それはかなわず、艦艇の乗組員を志すことになったのだ。それでも「自分の職種でトップを取ることが将来の目標です」(教育隊修了時の感想文)と、意欲満々で挑んだ。

最初の出港は大時化《しけ》だった。

「一週間、食事は一日一個のリンゴと、ベッドで寝ているだけの生活でした」(「実習終了所見」)と、船酔いの苦しさを書いている。

実習船に配属になってまもなく、信太郎は結婚した。官舎への引越しには、実習船の先輩が手伝いにきてくれた。

「今度、三曹の試験を受けられる先輩なんだ。ぼくが高校出たばかりだから『勉強教えてね』って言われている。とても仲良くしてもらっているよ」

先輩のことを信太郎はうれしそうに語った。

夏子は思い出す。

「分隊長のこまやかな指導を受けてのびのびと任務に励んでいる様子で、英語の弁論大会に出してもらったこと、教育隊の防火訓練の手伝いに行ったこと、手旗信号の競技会で一等賞だったことなどを楽しそうに話していました」

宮崎の沖を航行している時には、自宅に艦内から電話をかけてきて「今、宮崎のテレビが映っているよ」と、興奮して連絡してきたこともあった。

やがて信太郎に子どもが生まれた。信太郎にとっても、家族にとっても最も充実した幸せな日々だった。

実は、この実習船には問題のA班長が乗っていた。A氏は後に「さわぎり」に異動となり、そこでも信太郎と同じ艦内での勤務となる。そして「イジメ」をめぐって争うことになるのだが、この時はまだ、信太郎はさほど問題視していない。

約一年の実習船乗り組みを終えると、信太郎は海士から三等海曹に昇任し、護衛艦乗組員としての任に就いた。入隊して二年で海曹という一般の任期自衛官より早い昇任は、曹候補学生という、狭き門をくぐってきたゆえのコースである。

いかに任期自衛官が、昇任試験に受かって曹になることが大変であるかを、信太郎は実習船の中で実感したようだ。海士長から三曹に上がる直前の感想文に記している。

「乗艦実習を経て目の当たりにしたことは、一般隊員から三曹になれる人の数がとても少ないという現実でした。こんな現実で、私が三曹になるには、いいかげんなことをしてたら絶対いけないと思いました」

仮通夜の席で同僚自衛官たちが口にした言葉を、夏子はあらためて思い出す。

「〝曹学（曹候補学生）いじめ〟は痛いほどわかります…」

難関の試験をくぐり抜けて入隊した曹候補学生は、任期制から始めた一般隊員よりもはるかに早く、確実に曹へと昇任できる。曹になれば、定年まで身分が保証される。そのことが、往々にして任期制出身でベテラン隊員のやっかみを買いがちだ。

入隊後わずか二年で三曹になり「さわぎり」の機関員として配属された信太郎に対し、現場の風あたりは強かったに違いないと、夏子は今になって感じるのだった。

3　護衛艦「さわぎり」

信太郎の悲鳴

信太郎は一九九九年三月、護衛艦「さわぎり」に乗艦した。当時、日本海に出没する「不審船騒ぎ」が相次いでおり、のっけからあわただしい日々が続いた。

それでも折を見て「さわぎり」の帽子を父にプレゼントするなど、楽しそうな様子を見せて両親を安心させた。

明るい表情に影が差す最初の兆候があったのは、その年のお盆のことだった。休暇を取って帰省した信太郎は、重い口を開くようにして職場の問題を次々と訴えた。夏子は、その時の様子を次のように話す。

〈……その夜、赤ちゃんを寝かせて四人で話をしているときに「船はどう？」と聞いてみました。すると（信太郎は）「暗いよ、「さわぎり」に僕を呼んだと言っていたA班長が後輩をいじめてひどいんだ」と重い感じで言いました〉

この、A班長にいじめられた後輩Mは「ゲジ２（げじに）」と呼ばれていた。「ゲジ２」というのは艦内でする賭けトランプの「クラブの2」で、一番役にたたないカード＝つまり最も人格の低いという意味で使われる、というのが信太郎の説明だった。

A班長は、実習船で信太郎の上官を勤めていたベテラン隊員である。実習船の時とは打って変わり、「さわぎり」艦内の実態について信太郎は「ひどい」と繰り返し訴えた。気になった夏子は、銀行でもらったメモ用紙に小さな字で信太郎の言葉を書き残し、大切に大学ノートに貼り付けた。

「（いじめられた）後輩は前に一度遅刻をしたらしい。遅刻はいけないけれど、そのことでずっといじめ続けているので（後輩は）船に帰艦拒否状態になっている。食事の後、食器を『ごちそう様』と持っていくと『お前は何様だあ！　自分で洗え！』って、この後輩にだけ怒鳴り散らす」「（別の）班長は奥さんの悪口ばかり言って、仲悪いみたい。焼酎ばかり飲んでいる（中略）。とにかく、仕事じゃないことで悩みそう。飯場だよ飯場。ばくちはお金が動くんだよ」（夏子の覚え書き）

夏子は不安に駆られ、気持ちをノートに書き残した。

「お母さんの心配はゲジ2という言葉です。いじわるな大人はいやですね。あなたのことだからいじめられている人に親切にできると信じています」

以後、夏子のノートには連日のように電話をかけてきた信太郎の訴えと、母の不安が書き綴られていく。

「九月一日　信太郎が船でバカバカと言われ始めた……さわぎり乗組員Dという人が手首（自衛隊によると手の甲。自殺未遂）を切って入院。心配。信太郎より年下ということ」

「九月一二日　信太郎からTEL。お守りを送って欲しいとの事。ゲジ2と呼ばれだしたこと。無理なことを皆の前でやらされる。覚えたところじゃないところをさせられる（略）」

「九月一三日　班長に『百年の孤独』を持っていった……（不明）だろうか。嫌だが仕方ない」

『百年の孤独』とは、宮崎産の有名な焼酎の銘柄だ。なかなか手に入りにくい逸品で、プレミアムが付くこともあったという。夏子によると、酒好きのA班長が信太郎に、この希少酒を調達す

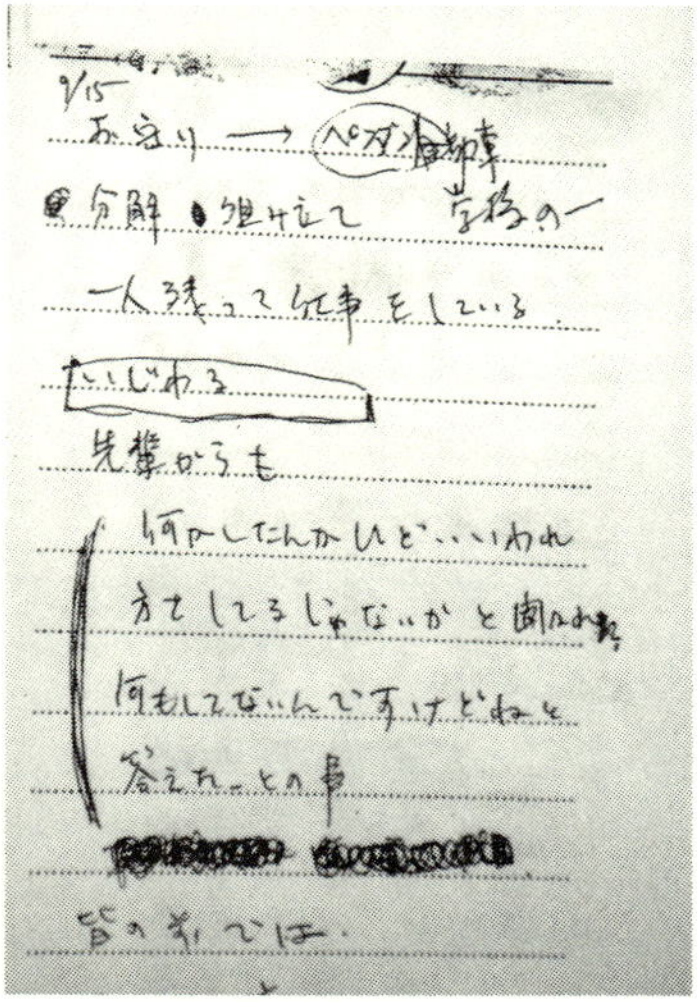
9/15
お守り → ペンダン
● 分解 ● 組み立て　学校の一
一人残って仕事をしている
いじわる
先輩からも
何かしたんかひどいいわれ
何かしてるじゃないかと聞かれ
何もしてないんですけどねと
答えたとの事
[redacted]
皆の前では

上／母が記した電話のメモ
下／班長に何本も贈ることになった「百年の孤独」。

るよう要求、夏子は都合数本を手に入れて信太郎に持たせた。この問題は、裁判で争点となる。

夏子の覚え書きを続けよう。

「九月一五日　お守りを胸からつるしたら、おじちゃんのネックレスでちょうど（長さが）よかったと安心したという事だったので、少し安心。船の中はどういう人間関係なのか心配」

「九月一六日　甲板で行方不明になった人がいる。スリッパとめがねが置いてあったから、皆おかしいと思っているとのこと。絶対にお酒は飲まないように。

僕は飲めないから大丈夫だけど、夜の見回りはちょっと危ない。暗いからとの事。『百年の孤独』をとどけたのかしら。どうしてか急に班長や、もっと年のおじさんがきついことを言い出したとのこと。

……夜中ポンちゃん（一九年飼っていた愛猫）が逝く。信太郎には黙っていよう。相当勉強しても頭ごなしに言われ、わかっていても上がってしまって頭の中が真っ白になるという」

班長への届け物は、信太郎への風当たりが少しでもましになるようにとの、家族の願いを込めたものだった。だが、その「効果」は顕著ではなく信太郎の嘆きは続いた。

このころ、信太郎は分隊長からレンジャー部隊へ行くことを打診された。環境が変われば状況がよくなるのではないか、と夏子らは期待した。だが、直後に信太郎からこんな訴えを聞かされ、落胆する。

「九月二三日　お前なんか仕事もできないのにレンジャーなんか行けるか、と言われた。皆、A

班長らの言うとおり。休みも休まらない。一九歳の子までバカにする。ひどい環境。一日中ガミガミ――」

一〇月に入ると訴えはさらに生々しい。

「一〇月一七日　A（班長）さん　丸刈り事件。三人の三曹に目をつぶらせ、一人の三曹を丸刈りにしていいか手を挙げさせた……丸刈りに。（班長が）笑って」

そして一〇月三〇日には、前述した「三〇分待機」の事件を訴えた。夏子は信太郎が伝える艦の内情を自衛隊関係の知り合いに伝え、どうしたものか相談した。気が気ではなかった。

一一月三日。「さわぎり」は一週間の訓練航海に出港した。別れ際、「がんばってくるね」と新婚の妻に言い残した。それが最後の言葉となった。妻は、五日後に控えた夫の誕生日に洋服をプレゼントするつもりだった。

母・夏子が信太郎と最後に言葉を交わしたのは、出港の前夜である。電話で話した。

「明日から二四時間やられる、二四時間だからね……」

あれほど頼もしかった「海の男」の声は弱々しかった。

最後の目撃者

信太郎が自殺してからおよそ半年がたった一九九九年五月。海上自衛隊佐世保総監部は「事故報告書に書かれた信太郎の行動を見てみよう。

「調査報告書」は、独立機関とは言いがたい自衛隊の調査委員会がまとめたものだが、信太郎が自殺を図る直前の様子について知る数少ない手がかりでもある。

一一月三日
午前七時ごろ、信太郎は「さわぎり」に帰艦。八時五九分、佐世保港立神《たてがみ》第二岸壁を出港。以後七日午後六時まで、第二機械室運転員として勤務した。この間、当直時間以外に操縦室及び、機関科事務室等で勉強している姿が数回目撃されたが、生活態度などで別段変ったところはなかった。

一一月七日
午後六時に当直が終了した後、機関科隊員のC、Dが信太郎と将棋を指した。特に普段と変ったところはなかった。午後九時ごろ、ベッドに寝ている姿を目撃されている。

一一月八日
深夜零時から午前四時まで当直に入る。午前一時から二時二〇分ごろまでガスタービン発電機カバーの塗装をF、Gと一緒に実施した。二時五五分ごろから一人で室外補機の点検。午前三時二〇分ごろには、操縦室で（A班長らに）点検結果を報告した。

信太郎は七日の夕食を食べていなかった。心配したGが様子を尋ねると、「別に（腹は）減っていないです。思考回路メチャクチャです」と答えた。Gは信太郎が疲れていると思った。

午前四時半ごろ、居住区域に戻ったGは信太郎のベッドがきしむ音を耳にし、床についたと思った。

午前六時五分ごろ、人員チェックの隊員が、信太郎がベッドで寝ているのを確認した

午前八時四〇分ごろ、居住区の昇降口付近で目撃されている。

午前八時五〇分ごろ、機関科山田海曹が点検のため右舷軸室に入ったところ、信太郎がいた。信太郎は荷を縛るロープを右手に持って上に挙げていた。

「なんしょっとや」「上に上がるぞ」

山田が声を掛けると、信太郎は無言でロープを下に置き、一緒に第二甲板まで上がって別れた。

午前八時五五分ごろ、山田海曹は再び医務室の前で信太郎に会う。ロープのことが気になって、「変なことを考えるなよ」と声をかけた。まさか自殺するとは思っていなかった。

報告書によると、信太郎の様子がおかしいと艦内が騒ぎになり始めたのは最後の目撃から一時間ほど経ってからだ。信太郎を探すよう指示を受けた山田海曹は、まず居住区を見た。ベッドに姿はなく、次に右舷軸室へと向かった。そこで作業着姿の信太郎が首を吊っているのを発見した。右舷軸室に行ったわけは、つい先ほど、信太郎がその場所でロープを持っていたことを思い

出したからだという。

信太郎を発見して気が動転した山田海曹は、思わず「ワアー」と叫び、信太郎を床に下ろすことにも気が回らず、「軸室！ 軸室！」とわめきながら操縦室に戻った。

報告を受けた副長は、隊員数名とともに現場に急行した。そして首を吊っている信太郎を見て「下ろせ」と指示した。信太郎はようやく床に下ろされた。副長は「下ろせ」と指示すると、ただちに艦橋に登り、艦長に状況を報告した。

床に下ろされた信太郎は、狭い軸室から運び出されて蘇生処置をほどこされた。心肺停止状態だったが、まだ体温は残っていた。蘇生措置は三時間近く続けられたという。そのかいもなく午後一時一四分、死亡が確認された。

（以上、事故調査報告書より）

報告書によると、第一発見者は山田海曹ということになっている。だが夏子は疑念を抱く。

「ひもを持っている姿を見て、どうして取り上げてくれなかったんですか。発見してからも、なぜすぐに下ろして助けなかったんですか。余りにも不自然です。信用できない」

この点について、さらに夏子は説明する。

「一一月九日（自殺の翌日）、『さわぎり』艦内で山田海曹は、自殺直前の信太郎の様子について私たち遺族に対してこう話しているんです。『医務室の前でも、（信太郎が）ひもを持っていた。

しょんぼりしていた』と。でもそのことは、なぜか報告書には書かれていません」

「いじめはなかった」に愕然

遺族にとって、調査報告書は簡単に手に入ったわけではない。支援者の国会議員らを通じて再三開示を求めた挙句、ようやく入手した。だが、防衛庁は遺族の意思をなんら聞かないまま新聞・テレビ各社に配ってしまった。当然、夏子ら遺族は憤慨した。

遺族が怒った原因は、無断で報告書を配ったからというよりも自衛隊の意見だけを尊重して「イジメはなかった」と決め付けた報告書の内容にあった。

「信太郎を『事故者』と特定して、彼に非があったかのように、これでもか、これでもか、と悪口を書き連ねてあるんですよ。あまりにひどい……」

調査の過程で、遺族が警務隊に繰り返し伝えて徹底調査を求めたイジメの問題など、ことごとく否定されて、いっさい反映されていないのだ。信太郎から、繰り返し艦内のイジメの実態について聞かされていた夏子らには、防衛庁が意図的に自らの不始末を隠蔽しようとしているとしか思えなかった。

そんな「報告書」だったからこそ、遺族の怒りを買った。

「あまりのも無神経さ、非情さに、私たちは悲しみに打ちひしがれて、言うべき言葉も見つかりませんでした。信太郎の言葉を思い出します。『こんなことでは自衛隊はだめになる』と。本当に

その通りです」（夏子）

調査報告書をマスコミに配布した理由について自衛隊の担当者は、父・茂に「国会議員から要求があった」「いずれ情報公開で開示することになるから」と説明したという。

報告書には「家族の申し立てに対する調査結果」として、「いじめ」の項を設けて概略次のように記されている。

【艦内生活等】

事故者（信太郎）は上司と懇談することは少なかったが、同僚とは居住区レストルーム、食堂、操縦室で懇談の輪に入っている。また、将棋を指すなど普通の艦内生活を送っている。孤立、疎外された様子はなく艦内生活に溶け込んでいた。

【酒の要求】

遺族から酒を持ってくるよう強要したとされるA班長は、実習船で事故者と一緒に勤務、指導官として教育訓練にあたった。「さわぎり」でも直属の部下ではないが親近感を持って接していた。

A班長は計三回にわたって、事故者から焼酎「百年の孤独」を贈られた。（A班長が行った）散髪のお礼やせん別の意味だった。事故者は「A班長から焼酎を強要された」と母親に話して

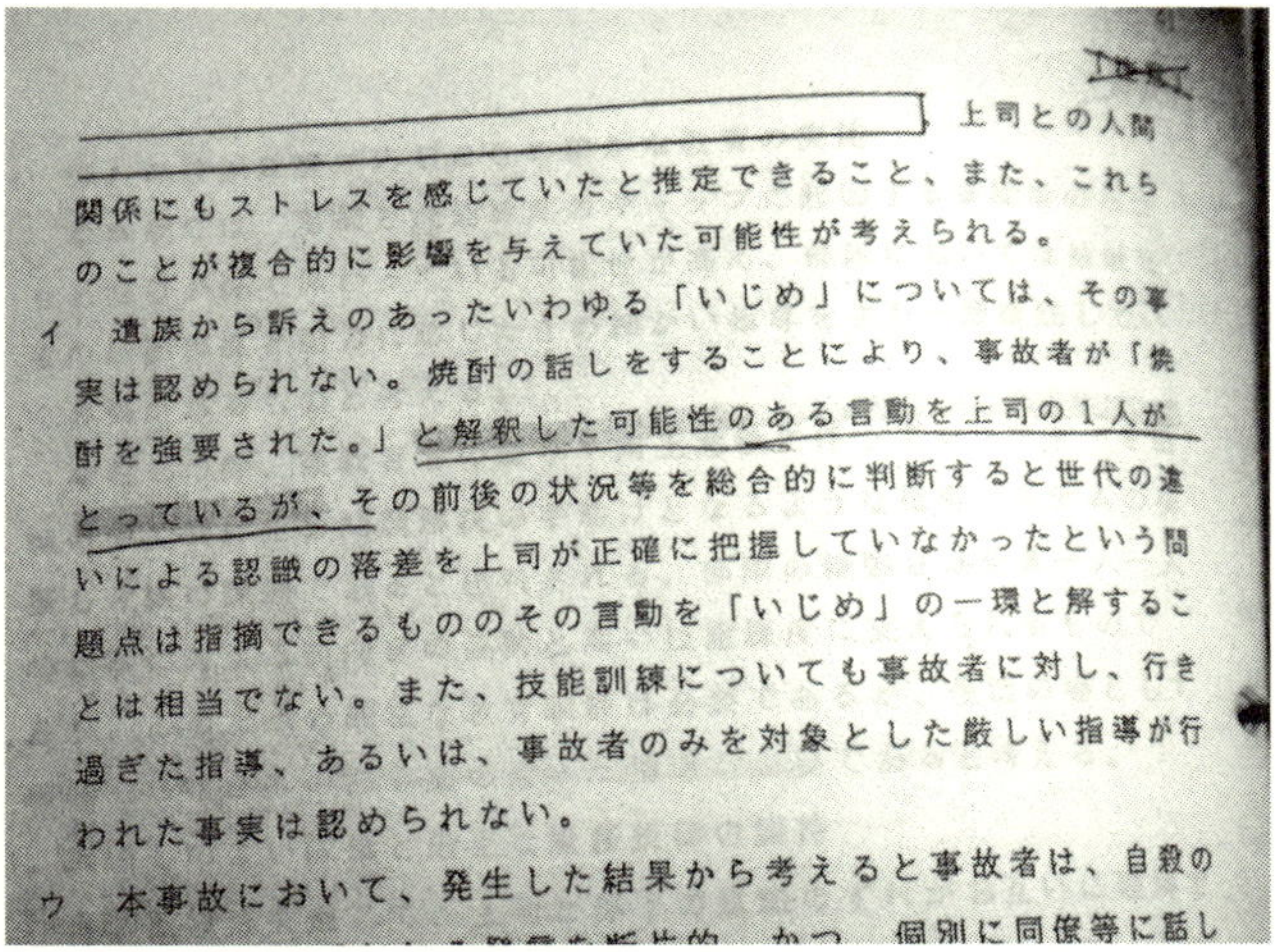

上司との人間

関係にもストレスを感じていたと推定できること、また、これらのことが複合的に影響を与えていた可能性が考えられる。

イ　遺族から訴えのあったいわゆる「いじめ」については、その事実は認められない。焼酎の話しをすることにより、事故者が「焼酎を強要された。」と解釈した可能性のある言動を上司の１人がとっているが、その前後の状況等を総合的に判断すると世代の違いによる認識の落差を上司が正確に把握していなかったという問題点は指摘できるもののその言動を「いじめ」の一環と解することは相当でない。また、技能訓練についても事故者に対し、行き過ぎた指導、あるいは、事故者のみを対象とした厳しい指導が行われた事実は認められない。

ウ　本事故において、発生した結果から考えると事故者は、自殺の

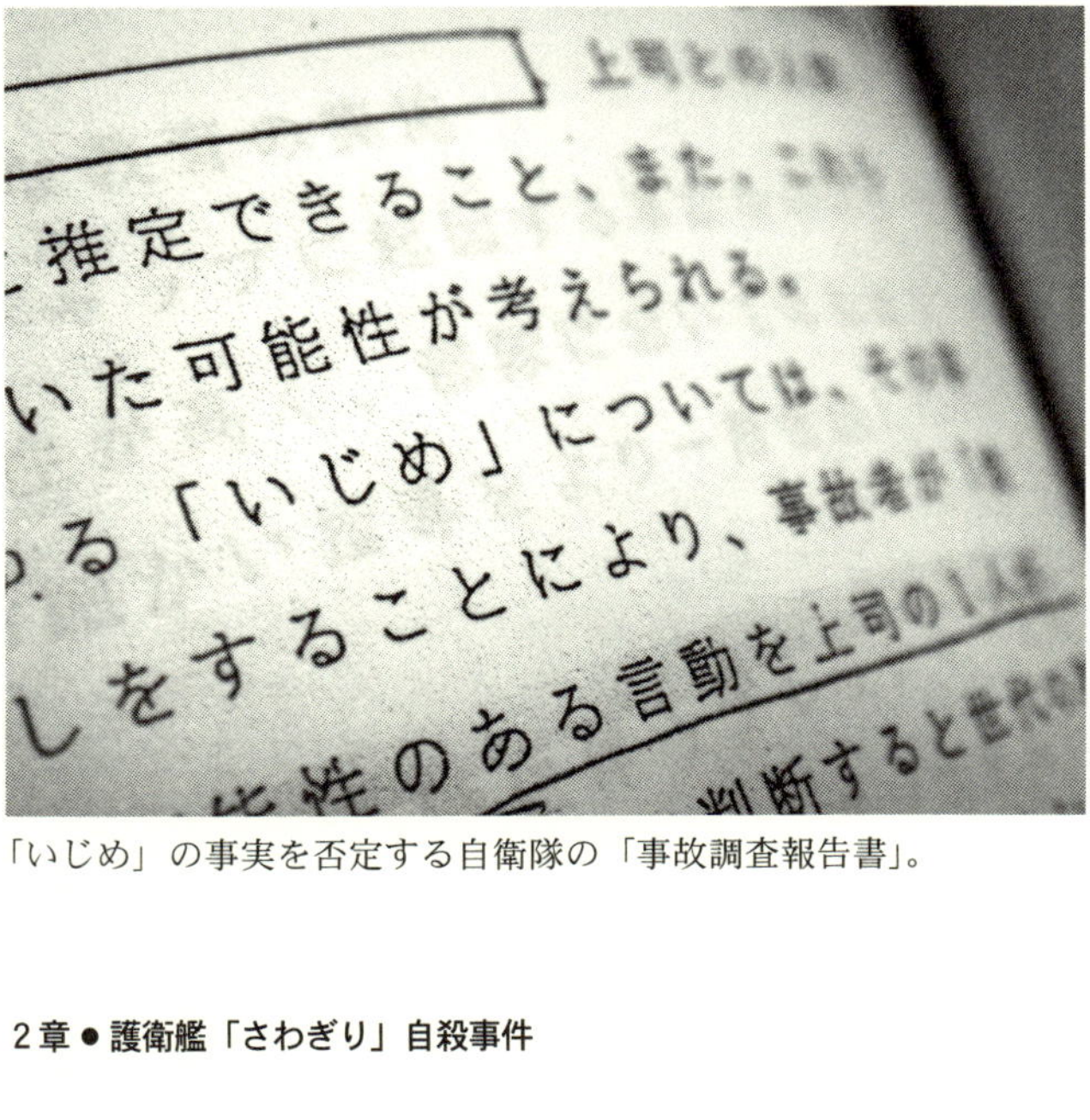

推定できること、また、

いた可能性が考えられる。

る「いじめ」については、

しをすることにより、事故者が

のある言動を上司の

判断すると

「いじめ」の事実を否定する自衛隊の「事故調査報告書」。

いるようだが、A班長との認識にずれがある。

A班長は雑談の中で「あの酒はうまかったなー」と話し、事故者が「わかりました」と答えたことがある。A班長は強要したつもりはなかったが、事故者が強要されたと受け止めた可能性がある。

A班長が親近感を増して励まそうとしている行為を、事故者はむしろ苦痛に感じていたと想像でき、両者の意識にギャップがあったと考えられる。だが、総合的に考えると、A班長が焼酎を強要したことはないと判断できる。

【差別用語の使用】

遺族は、事故者が「ゲジ2（げじに）」と呼ばれて差別され、イジメられたと訴えている。ゲジ2とはクローバーの2——一番弱いカードで、弱いもの、あるいは困り者の意味で使われた。調査の結果、一〇月六日に、操縦室にいた事故者と別の隊員がA班長から「ゲジ2が二人そろっているな」と話しかけたが、その後はこの言葉を聞いた者はいない。A班長はことさら悪意を持って言ったとは考えられない。

【三〇分待機】

一九九九年一〇月三〇日、「三〇分待機」の指示を受けた事故者は二日間、一歩も外出できなかった。事故者だけに対するイジメだったと、遺族は訴えている。

調査の結果はこうである。

前日の二九日、甲板で「三〇日に緊急呼集訓練を行う。訓練は連絡が取れた段階で解除とする」旨伝えた。三〇日午前一〇時ごろ、応急長が「想定全力三〇分待機、訓練警急呼集発動、帰艦の要なし、連絡網のチェックのため各分隊ごと連絡せよ」と命令。これにしたがって、事故者にも電話連絡をした。この訓練は、電話連絡網の確認が目的であり、連絡がついたところで訓練終了とされていたから「待機の解除」の指示はしていない。

遺族の主張するイジメを目的としたものではない。事故者の注意不十分、理解不十分が原因である。

【職務（教育）上の過度の要求、指導】

「さわぎり」に配属後、二週間の見習い期間を設けているが、事故者は見習い期間終了後もひとり立ちできる技能練度にはいたらず、引き続き監督・指導する必要があった。

「二機応急冷却管、弁は知っているか」（上官）

「知りません」（事故者）

「お前も乗艦して三、四ヶ月だろ。配管調査もしていないのか？　少しはやる気を出せ」と指導したことはある。これは、艦に慣れれば慣れるほど覚えられなくなる（手抜きするようになる）ことを知っていたため、指導・激励したものである

（以下省略）

以上のような「調査結果」を踏まえて、自殺の原因を次のように結論づけている。

「三等海曹という階級と、それに見合う自己の技能練度との乖離に苦悩し、あせりを徐々に募らせていった状況が認められ、この心理的葛藤が本事故の大きな要因のひとつであると判断される。（略）事故者は、このような仕事上の悩みを上手に解決する、あるいは、軽減することができる方策に思い至らず自殺に至ったものと推定される」

「遺族から訴えのあったいわゆる『いじめ』については、その事実は認められない。（略）また、技能訓練についても事故者に対し、行き過ぎた指導、あるいは、事故者のみを対象とした厳しい指導が行われた事実は認められない」

所詮、自衛隊の内部調査である。独立した調査機関が行ったわけではない。公正な結果を期待するほうが無駄だろう。調査報告は、遺族の訴えを否定することに終始していた。犠牲者が「いじめられた」と訴えているのに、いじめた側が否定する。

夏子らは、当初、自衛隊を相手に裁判を起こすことなど毛頭考えていなかった。訴訟を決断させたのは、イジメをことごとく否定し、死去して反論のしようもない信太郎にすべての責任を負わせようとする防衛庁の不誠実な態度にある。

4　暴かれる新鋭艦の実態

提訴

二〇〇一年六月七日、母・夏子と夫・茂の二人は、亡き息子信太郎の無念を晴らすべく、国（自衛隊）を相手取って、損害賠償訴訟を起こした。息子と同じように苦しみながらも言いたいことも言えないでいる自衛官へ、メッセージを届けたいという気持ちも込めて裁判所は「さわぎり」の母港がある佐世保を選んだ。

長崎地裁佐世保支部御中

訴　状

請求の趣旨

一　被告（国）は、原告両名に対し、西崎信太郎を戦死させたことについて謝罪せよ。

二　被告は原告両名に対し、それぞれ五〇〇〇万円を支払え。

三　被告は自衛隊員の生命と人権を守るため、国民が参加する軍事オンブズマン制度を創設せよ。

「三」の軍事オンブズマン制度とは、軍隊内部の不正や人権侵害を監視するための第三者機関で、古くはスウェーデン（一九一五年）やフィンランド（一九一九年）、太平洋戦争以降は、ノルウェー、デンマーク、ドイツなどに設置されている制度だ。自衛隊には、警察と同じ逮捕・捜査権を与えられた警務隊があるが、結局身内であることに変わりはないため公正さについては、疑問の声がある。

「息子だけの問題ではない。このまま放置すれば、犠牲者はまだ出てしまう」という危惧を抱いた夏子らは、欧州諸国に見習って自衛隊にも軍事オンブズマン制度を導入するよう、裁判で訴えた。

訴状は次のようにうたう。

「被告（国＝自衛隊）は現場に多発する人権侵害、生命侵害現象を見て見ぬふりをしてきたばかりか、改善を求める声を圧殺し、真相を隠蔽してきた。

被告に自浄・内部改革能力は望むべくもない。佐世保地方総監部の調査結果はその典型である。その報告書は、そのままでは読むに耐えない。

従って、国民が参加する隊員の人権と生命を守ることを任務とする軍事オンブズマン機構を設置するしかなく、被告にはその義務がある。」

自衛官だって日本の国民だ。国は自衛官の人権を守れ——愛息を亡くした父母の悲痛な思いを込めた、やむにやまれぬ叫びだった。

古参隊員によるイジメの実態は異論をはさむ余地はない——当然ながら夏子らの訴えは、すべての責任を信太郎にかぶせた自衛隊側の「調査報告書」に真っ向から対決する格好となった。

特に直接の「イジメ」の当事者と目される二人の班長の行為については、次のように手厳しく批判した。

「……（指導の責にある者は）誇りを踏みにじり、みだりにプライバシーに干渉するような教育、訓練、指導方法、態様を取ってはならない注意義務がある。両班長はもとよりN機関員長の信太郎に対する教育・訓練・指導は、内容的にも方法的にも右注意義務に著しく違背し、違法なものであって、信太郎を殺したも同然である。被告は両班長らの不法・違法について使用者責任を負う」

信太郎は自衛隊に殺された——それが、夏子ら遺族の率直な気持ちなのだ。

訴状には、イジメのほかに、予兆がありながら自殺を防げなかった管理責任についても問うている。

自殺以前数ヶ月間の様子を見れば、信太郎がうつ病、あるいはうつ状態になっていたことは明白だった。それにもかかわらず、自衛隊は対策をまったく取らなかった。予兆を見過ごし最悪の結果を招いたのは管理者である自衛隊の安全配慮義務違反である――との訴えだ。

信太郎がうつ状態を発症していた様子は、「調査報告書」の中に記された行動や発言にも明らかである。たとえば一九九九年八月下旬ごろ、連日のように自分を否定するような発言をしている。

「自分は馬鹿で仕事を覚えられない」（八月二六日）「自分は馬鹿ですから、機械のことを覚えられない」（同二九日）などだ。

九月に入ると、「自分は覚えが悪い。ほかの人は頭がいいですね」「階級に対するプレッシャーがある」など、自信をなくし劣等感を口にする場面がみられる。当直明けなのに、眠ることなく勉強していた様子が家族によって目撃されている。

一〇月になって、同僚隊員も信太郎の落ち込みに気がついた。「仕事で悩んでいる」と周囲にこぼし、周りの隊員は「あまり悩むな」などとアドバイスした。

だが、一〇月半ばから後半にかけて「元気がなくなった。あまりしゃべらなくなった」「うつ病的な感じあり。人からすぐに離れていく」と、様子が急変。自殺の三日前には「眠れない」「集中できない」「落ち着くところがない」などと同僚に話している。

気分がさえない、不眠、悲観――など明らかに抑うつ傾向がみられる。うつ病は自殺を招く危険が高いことは周知の事実で、本来なら、ただちに休息させ専門医の治療を受けさせるべき症状だろう。熟睡する。抑うつ剤を処方する――など応急処置をすれば、自殺は防げた可能性は極めて高い。そうした適切な対応を取るだけの知識を持ったスタッフが、信太郎の身近にいなかったことが悔やまれる。

艦内飲酒が横行

「いじめはあった」「いや、なかった」――争いは双方の言い分が真っ向から対立したまま二年半が経過、ようやく証人尋問が始まったのは今年（二〇〇四年）に入ってからだった。

一月一九日、底冷えのする佐世保市。小高い丘にたたずむ小さな裁判所・長崎地裁佐世保支部で法廷が開かれた。約四〇人分ある傍聴席はほぼ満員。暖房と傍聴者の熱気で汗ばむほどだ。証言台の前に姿を現したのはA班長である。色黒で恰幅のいい体を制服に包み堂々と証言台に歩み寄った。

A班長は、夏子ら父母がもっとも怒りを感じている上官の一人である。入手困難な酒を強要し、「ゲジ2」とさげすみの言葉を投げつけるなど、陰湿ないじめで信太郎を苦しめた張本人だと確信している。両者の間にいったい何があったのか。今となっては、残された手がかりを頼りに想像するほかなす術はない。ただ、A氏自身の真意はどうであれ、信太郎自身が苦痛を感じていたことは確かである。

そのA氏とは、たとえば、サラ金の「武富士」における武井保雄前会長のように絶大な権力を握った君主というわけではなく、当時二曹のいわば中間管理職にある隊員だった。曹候補の信太郎と異なって一般入隊の出身だ。信太郎が二年で三曹になったのに比べ、A氏はひとつずつ階段を上がって九年を要している。年季の入ったベテラン隊員だ。

信太郎とA班長の関係は、民間サラリーマンに置き換えるなら、大卒で入社すぐに主任になった社員に対して、高卒で何年もかかって係長になったたたき上げ社員といったところだろう。

A氏は九州に生まれ、一九七八年に自衛隊に入隊した。信太郎と同じ佐世保教育隊で訓練を受けた後、任期自衛官の海士として護衛艦や練習船勤務を続け、八七年、入隊して九年目にして三曹に昇任した。その後、九七年に練習船「おおよど」の機械室の班長となり、翌九八年から約二ヶ月間、実習中の信太郎を指導した。同年一〇月に護衛艦「さわぎり」に転勤となり、およそ五ヶ月後の九九年三月に信太郎が乗艦して同じ艦での勤務となった。

——「良心に従い、何事も隠さず、真実を話すことを誓います」

宣誓を終えたA班長は証人席に座り、国側代理人の質問（主尋問）が始まった。

経歴などを確認する問いがいくつか行われた後、班長らが信太郎に強要したのだと遺族が訴える焼酎『百年の孤独』についての質問となった。前述した通り、信太郎は数本の『百年の孤独』をA班長に贈っている。

――『百年の孤独』を（自殺した信太郎から）なぜもらったのか？

Ａ班長は、白髪まじりの角刈り頭を微動だにさせず太い声で答えた
Ａ「『ゴールデンウイークのおみやげに』と言って持ってきた。散髪をしてあげたことがあるのでそのお礼だと思った。散髪は、ほかの人の頭を摘んでいるときに、西崎三曹（信太郎）が『私もお願いします』と言ってきたので、やってあげた」

――あなた以外にも『百年の孤独』を（信太郎から）もらった人はいますか？

Ａ「（別班の班長で先輩にあたる）Ｂさんです。私は、自分がもらった『百年の孤独』の瓶が珍しくて、別の焼酎を瓶に詰めて『さわぎり』艦内に持ち込んでいた。Ｂさんがそれを見て『それ、俺ももらったよ』と言っておりました」

淡々と続くやり取りを、傍聴人が固唾《かたず》を飲んで聞き入った。夏子らの支援者に混じり、自衛官らしい一団もいる。

原告・遺族側の反対尋問に移った。

――焼酎を艦内に持ち込むのは規律違反ではないのですか？

Ａ「そうです、規律違反です」

――ほかの人も（艦内への酒持ち込みを）やっていた？

Ａ「知りません。私はやりました」

――事情聴取があったと思いますが

Ａ「話しました」

――艦内飲酒をしたとは話しましたか？

Ａ「寝酒程度に二から三杯飲んだ、と言いました……」

Ａ班長は「この間もらった焼酎はうまかった」「焼酎いつ持ってくっとや。俺も予定あるし、準備あるから」などと話し、その言葉や態度を信太郎は「焼酎を贈らなければならない」と受け取めた。

「(Ａ班長は) あんな人とは思わなかった。あんな人には何も持っていきたくない」

信太郎は夏子にそう話したことがあったという。

果たして酒の強要はあったのかどうか。日を改めて二月一六日、引き続き行われたＡ班長の反対尋問で原告代理人が問いただした。

――「この間もらった焼酎はうまかった」というあなたの発言は、客観的に（みて）要求と受け止めるんじゃないですか？

「そう受け止めても仕方ありません……」

強要した意思はない、と繰り返しながらもＡ班長は疲れたように答えた。

Ａ班長は、どんなことを考えながら質問に応じていたのだろう。それを知りたいと思い、休廷中に声を掛けた。残念ながらA班長は「何も申し上げることはできません」とだけ言い残し、硬い表情で立ち去った。

「さわぎり」の飲酒問題は、実は信太郎が自殺する前の一九九八年にも発覚、一三人が処分を受けている。そして、翌一九九九年には、信太郎の件がきっかけで再び飲酒の事実が明らかになり、新たに六一人という大量処分事件に発展した。

艦内飲酒について護衛艦や潜水艦の乗組員に尋ねると、「非番でも絶対に飲まない」と口を揃えて言う。私が予想していた以上の、たとえば飲酒して自動車を運転するくらいの感覚のようだ。乗艦中はいつ何が起きても対応しなければならず、実際、酒を飲むと危険が生じる。その感覚が一般的だとすれば、やはり延べ七〇人以上の処分者を出した「さわぎり」の飲酒に対するルーズさは際立っている。

「さわぎり」の飲酒事件について、当時の新聞は次のように報じている。

【護衛艦で飲酒、かけ事】

海上自衛隊佐世保地方総監部所属の護衛艦「さわぎり」艦内で、機関士の三等海曹が自殺した問題で、同総監部の調査委員会は一六日、同艦の一部乗組員が規則に反して艦内で飲酒し、かけ事をしていたとして、年内に関係者を処分する方針を固めた。（「西日本新聞」九九年一二

月一七日）

艦内飲酒にとどまらず賭け事も行われていたという。規律の乱れは信太郎が言い残した通りだった。

ゲジ2

A班長の証人尋問を続ける。

信太郎や同僚はA班長から、もっとも地位の低い者を指す「ゲジ２」という呼び方をされた。信太郎らは、それを明らかにイジメと受け取っているが、調査報告書では「悪意はなかった」と、打ち消す。

原告＝遺族側の弁護士は、信太郎とともに「ゲジ２」と呼ばれ、イジメられていたとされるM隊員について次々と質問した。

――トランプゲームの中でM隊員を「ゲジ２」と呼びましたね。

A「はい、でもそれは面白くするためです。トランプの中で、面白さを増すために……。ある隊員が言い出した言葉でした。ゲジ２（クラブの２のカード）を見て『これはMだ』という言い方で。

（仕事のことで）人に迷惑を掛けているM士長に対してつけたあだなです。ゲームの中で『Mが出たぞ！』と。そういう感じで使っていました」

――日常的にですか？

A「トランプの中です」

――誰とは限らず？

A「何人かが使っていた。二〜三人程度」

――誰ですか？

A「……私は何回か言ったことがある。クラブの2が出たら「Mだ」と言いました」

（略）

――「ゲジ2」という言葉ですが、一番弱い奴、役立たず、能無し……という意味

A「『能無し』はひどい。最低だな……と」

――『最低』がよくて『能無し』がひどいというのもよくわからないが、とにかく侮蔑の言葉でしかありませんね

A「……はい」

――M隊員を侮蔑する言葉を言ってトランプをしたと、間違いありませんか

A「ええ」

M隊員が「ゲジ2」と呼ばれてイジメられている様子を目の当たりにした信太郎は、M隊員を気遣いながら「今度は自分の番だ」と不安な心境にあった。一九九九年の九月には、「ゲジ2と呼ばれ始めた」という信太郎からの電話の内容が母・夏子にあった。佐世保総監部の調査報告書には、信太郎がA班長から「ゲジ2」呼ばわりされた一〇月六日の出来事について詳しい。

「ゲジ2問題」について報告書の内容はこうだ。

一九九九年一〇月六日の深夜、当直勤務だった信太郎はM隊員と操縦室を訪れた。そこにはA班長がいた。Aは「ゲジ2が二人そろっているな」と、信太郎とMに「悪意なく」話しかけたという。自衛隊の調査によると、このやり取り以外に、信太郎が「ゲジ2」と言われた証言はなかったとされる。

尋問の焦点は、この日の出来事に移った。

――M隊員と信太郎を「ゲジ2が二人そろっているな」と呼んだ点について。これはトランプとは関係なく言ったんですね

A「言ったことには間違いありません」

――侮蔑の言葉を言った？

A「冗談のつもりで……」

――あなたがどういうつもりであろうが、侮蔑の言葉を言ったんですね

Ａ「……間違いありません」
――あなたは（信太郎は）『百年の孤独』要員だという言い方もしているが、「ゲジ2」とも言っています。
Ａ「西崎三曹（信太郎）だけをかわいがっていると思われないための弁解……とっさの言葉で……」
Ａ班長は、信太郎についてはいざ知らず、少なくともＭ隊員には辛く当たっていたことを暗に認めた。

丸刈り事件

信太郎が自殺して半年ほどたった二〇〇〇年四月、調査委員会の調査に伴って飲酒・賭博事件に続く新たな不祥事が表面化した。
当時の新聞に、五段の大見出しが踊っている。

【班長が班員を丸刈り　いじめ疑惑の護衛艦「さわぎり」】
海上自衛隊第二護衛隊群（長崎県佐世保市）所属の護衛艦「さわぎり」艦内で、機関科の班長が規律違反があったとして、班員の一人を丸刈りにしていたことが一二日、わかった。「さわぎり」では昨年一一月の三曹の自殺をめぐり、遺族が「いじめがあった」と訴え。海自側は事故調査委員会を設け、調査の過程で丸刈りの事実を把握したが、「問題はない」としている。

（「読売新聞」二〇〇〇年四月一三日）

この事件で、丸刈りを行ったのは問題のA班長。髪を刈られてしまったのは、曹候補学生の実習員Q隊員と、実習員の指導担当役を受け持つ三曹の二人である。この件について事故調査報告書は一行も触れていない。

飲酒問題と同様に、信太郎が生前に訴えていた話を手がかりに遺族が調査委に再三確認を求めた結果、発覚した事件だった。自衛隊は、丸刈りの事実を認めながらも「問題はない」と、当時の新聞取材にコメントしている。

この丸刈り事件のいきさつについて、A班長の説明はこうだ。

〈――（一九九九年の）九月ごろ、信太郎の後輩にあたる曹候補実習生Q隊員が、定められた実習日記を出していないという問題が発覚した。私は、班員の海曹を機械室に集めて、どうするべきか相談した。誰からも意見が出ないので、防衛大での話を例にとって「丸坊主にしたらどうか」と提案した。反対意見はなかった。私はさらに、Q隊員と対番（ペア）を組んでいる三曹も丸坊主にするかどうかを提案、それを決めるために全員に目をつぶらせた。

目を閉じた隊員らに対し、まずQ隊員と対番隊員の二人を「連帯責任」で丸坊主にする案について挙手を求めた。

誰も手を上げなかったが私は「手を下ろせ」と指示。続いて、Q隊員だけ丸坊主にする案について手を上げさせた。今度はほとんどが手を上げた。その後、二人が話し合ってQ隊員の丸刈りが行われた〉(A氏の陳述より)

なぜ丸刈りにしたのか。動機についてA班長は「大きな規律違反は、懲戒処分の対象となるため、そうなる前に規律を認識させる必要がある。違反者はペナルティを受けた方が規律厳守の意識が強くなると考えた」(同)と述べる。

この丸刈り問題についても、A氏に対して、原告側から厳しい反対尋問が行われた。

——対番の隊員も連帯責任があると……

A「まあ、そうです」

——当然、不始末をした者をうらむようになるわけですよね

A「うらむか、反省するかは……」「対番にも迷惑をかけたらいけないと、反省すると思う」

——人間関係は悪くなる

A「厳しさはあってもいいと思う」

(目隠しをして手を上げさせたことについて)

――疑心暗鬼になるでしょ

A「わかりません」

――気まずい思いをするとは思わなかった？

A「気まずい思いをしないように、目を閉じさせた」

――人間関係が悪くなるのでは

A「わざとやったわけではありません！」

――疑心暗鬼を誘うようなことをすれば、イジメの温床になる

A「私はそうは思わない」

――察しもつきませんか

A「今考えれば軽率だったかなと。だが、規律を守らせるためにやらないといけなかった」

Q隊員の日記が出ていないことについて、当初A班長は上官の機関士から「相談」され、それを聞いて班員を集めたのだという。「規律を守らせるために」とA班長は証言する。その気持ちは理解できる。だが、やはり班長の権威を持って隊員を丸坊主にしたことは、私的懲罰、制裁の何ものでもない。

そして、より問題なのは、こうした事実をつかんでおきながら「問題ない」と結論を出した自衛隊の態度だ。学校にたとえれば「宿題をしていないのだからイジメられても仕方がない」と、

教育委員会が言うに等しい。

規律を守らせようと制裁を課し、そのことが人格を傷つけ、より規律の乱れにつながる。人間を大事にしない閉鎖組織の悪循環が見える。

5　戦いは続く

消えた貯金

信太郎の死をめぐっては、不可解な点がいくつかある。給料の振込口座をめぐる話もそのひとつだ。

入隊まもない教育隊のときだ。給料が振り込まれる預金口座を見ると、なぜかお金がなくなっている――信太郎がそう訴えたことがあった。通帳と印鑑を上官に預けさせられて、週末ごとに上官から、「一万円」「一万五〇〇〇円」といった調子で〝こずかい〟をもらっているということだった。

教育隊当時の信太郎の月給は手取りで一六万円ほど。衣食住付きの暮らしだから、質素にやれば不自由はない金額だが、信太郎はいつも金に困っている様子だった。

「給料は、訳のわからない金を差し引かれてお金はほとんどない」と信太郎自身が不思議がっていた。夏子も不審に思いながらも、帰省の際など何度か小遣いを送金してやったという。運動会で会った際に、いくらかの現金を手渡したこともある。

給料を上司が管理することについては信太郎も納得がいかなかった。

「お母さん、お金ごめんね。友達の中には家に送金しないといけないのにお金が残っていない人がいるんだよ。気の毒だよ、ひどいよ」

夏子にそうこぼした。

さすがに、そのうち曹候補学生の一人が抗議をしたらしいが、上官は隊員たちに「君たちはいいよ。食べるものもあるし、着るものもある……(自衛官は衣食住が保証されているから恵まれているという意味か?)」などとよくわからない説明をして、うやむやに済ませたという。

教育隊終了式が一九九七年の夏にあり、夏子は出席した。そこで、信太郎が発した言葉に夏子は不安を新たにした。

「今夜はジュースとか飲んで楽しんでいいと言われているんだけど、僕たちお金がないんだ。悪いけど少しなにか買ってもらえる?」

信太郎は、夏子にジュース代を無心したのである。菓子類やジュースを買って渡すと「ごめんね」と繰り返したという。

夏子ら父母が、ずっと気にかけてきたこの出来事が具体的な問題として浮き彫りになったのは、悲しいかな、信太郎が自殺した後のことである。信太郎を亡くした衝撃も癒えぬまま、夏子らは長崎貯金事務センターへ行って貯金の払い戻し票を照会した。その結果、恐るべき事実が発覚したのである。

信太郎が教育隊に入隊した九七年四月から九月まで半年間の間に、少なくとも一八回にわたり、給料の大半にあたる六〇万円以上の貯金が引き出されており、「NB」(ノーブック)、つまり通帳もカードもなしで出金されたケースが五回もあるのだ。

さらに払戻票に残された文字は、明らかに信太郎の筆跡とは異なる人物のものだった。もっとも、手書きにされているのは「¥五〇、〇〇〇」「¥一五〇、〇〇〇」という払戻金額の部分だけで、住所・氏名の欄には「佐世保市崎辺町無番地佐世保教育隊　西崎信太郎」と記されたゴム印が押され、横に信太郎の印鑑で捺印されていた。何者かが、信太郎に替わって預金を引き出したことは間違いない。

信太郎の所属していた教育隊で先任班長(曹長)が曹候補学生の給料を着服するという事件が報じられたのは、信太郎の貯金引き出しの件が明るみになりかけたのと同じ二〇〇〇年春のことだった。

この先任班長は分隊員六九人から「積立金」と称してお金を集め、その一部の三一万円余りを着服したとされる。事件は立件され、班長は執行猶予付きの有罪判決を受けた。

自衛隊側は事件について、「先任班長が横領したのは分隊の積立金であり、隊員個人の預貯金ではない」「被害者に対しては、班長が返金した三一万円余りの中から、それぞれ三〇〇〇円と、一〇〇〇円分のテレホンカードが渡された。被害者の財産的被害はない」などと釈明、信太郎の貯金不明の件については責任を否定したままだ。

夏子によると、信太郎は教育隊を終えた後に入った横須賀の術科学校で「勉強よりも、『金を貸せ』と言われてみんな困っている。僕は金がないからと言って断っているけど、仕方なく貸した人もいる」と嘆いていたこともあったという。

貯金の怪と並んで、もうひとつ「バイクのキー」問題も遺族の心に引っかかったままだ。信太郎のバイクの鍵が三週間もの間、遺族に返されることなく行方不明になっていたという話である。

信太郎は官舎と艦の間をミニバイクで往復しており、自殺した一九九九年一一月八日当時、バイクは岸壁の駐輪場に止めていた。鍵は部隊の個人ロッカーに入れられていたとみられる。だが、その鍵は、当初遺品の中には入っておらず、遺族の再三の問いかけにもかかわらず、どこにあるのかわからなかった。

ようやく鍵が姿を現したのは、自殺から半月以上がたった一一月三〇日のこと。「なぜ、今ごろ出てきたのか」という遺族の問いに対する自衛隊側の話は要領を得ず、最終的に幹部は次のように説明したという。

「自殺の翌日、車両係のM隊員が駐車場へ行き、バイクを見て『長期の駐車は不可なので、バイクのキーを持ってくるよう』B班長に指示した。B班長は、N分隊長からロッカーの鍵を預かって開け、バイクのキーを取り出してN分隊長に渡した。分隊長は一一月九日から一二月一までキーを預かったままだった」

Ｂ班長は、信太郎をイジメたと疑いを持たれている班長の一人だ。

それにしてもＮ分隊長は、なぜ三週間もの間、キーを持っていたのか。Ｎ氏はこう説明する。

「遺留品を渡す際には『バイクの鍵については、バイクを官舎に運びますので、預からせていただきたい』と説明する予定でしたが、予想外の事態に頭の中が真っ白で完全に忘れていました」

Ｎ分隊長は、遺留品明細を作成した当の本人でもある。また、信太郎の通夜と葬儀、初七日に、すべて出席しており、その際遺族から度々バイクのカギの件を尋ねられている。それにも関わらず「（カギを返すのを）忘れていた」とＮ分隊長は言うのだが、やはりどこか不自然さが残る。

バイクには荷物を入れる収納庫がついている。実はその中に、死の真相を語る決定的な何か――つまり遺書のようなものが入っていたのではないか。自衛隊は何かを隠しているのではないか。遺族の疑念は、深まるばかりだ。

自殺が相次ぐ

信太郎がイジメられたと訴えていた上官のひとり、Ｂ班長は、実は信太郎が自殺した後に、交通事故で亡くなった。さらに、別の上司にあたる先任海曹は、信太郎の自殺後、航海中の「さわぎり」から海中転落して、かろうじて救助された。自殺未遂を図ったとみられる。

Ｂ班長の事故死について、Ｂ氏と並んでイジメの加害者と遺族側から指摘されているＡ班長は

「西崎（信太郎）の（自殺の）ことで頭の中がいっぱいだったのではないか」と意見を語り、さらに「B班長を、私の身の潔白とともに、自殺の原因が『さわぎり』になかったことを証明することが、私の務めだと思う」と述べている。この言葉が遺族の神経を逆なでしたことは、言うまでもない。

いじめられたと傷ついた側が悲惨なら、いじめたと糾弾される側もまた悲惨である。

「さわぎり」の犠牲者は、これだけではない。信太郎が乗艦する直前の一九九八年にも、自殺とみられる海中転落事故と、手首を切るという自殺未遂事件が立て続けに発生した。やはり「何かがおかしい」と思わざるを得ない。

「自衛隊は、階級よりも年季がモノを言う」

ある自衛官OBは、自衛隊内部の力関係の基本についてそう説明する。これを「さわぎり」について考えてみれば、A、B両班長の立場は、海曹でありながら一〇年クラスの〝古参〟にあたる。

両班長の上官にN分隊長がいる。彼は防衛大卒で階級は上だが、年は若く経験も歳も両班長に及ばない立場にあった。

そのN分隊長が今年（二〇〇四年）二月、証人尋問に立った。彼の答弁の端々からベテラン班長に対する遠慮を感じ取ったのは、私だけではなかったはずだ。
N氏は、防衛大卒業後、幹部候補生学校を経て証言当時一等海尉。（「さわぎり」乗艦当時は、二等海尉・三一歳独身）だった。平凡なサラリーマン風の印象である。制服姿で証言台に歩み寄ると、おもむろに帽子を取って台の上に乗せ、証言を始めた。

——（A班長と）酒（飲酒）のことは知っていましたか？
N「知りません」
——酒を持ち込んでいいのですか？
N「いいえ、いけません」
——A班長は持ち込んでいましたよね
N「……」
——知らなかった？
N「はい」
——いつ知りました？
N「艦内で一斉処分をされたときです」
——班長に対する指導は、どういう方針でやっていたのか
N「当時は、班長に対する指導方針は特に持っていなかった」

――Aさんは五〇歳くらい。遠慮があったのではないですか？

N「ありません！」

それまで、静かに答えていたN氏は、このとき、ひときわ語気強く否定した。なぜ、艦内飲酒を発見できなかったのか、原告弁護団の追及は続いた。

――見回りをすれば酒瓶があればわかりますよね。

N「わかります。あれば……」

――……十分見回っていなかったということですか
N「本人が隠していれば見つけられないということはある」

A班長が隊員を丸刈りにした事件についても、N分隊長は班長を徹底的に擁護する。

――誰が坊主にしたかはわかっていた？

N「はい」

――A班長を呼ばなかったのか
N「いいえ」

――なぜ、呼ばなかった？

N「必要なかった」

――班長に懲戒の権限はあるのか

N「坊主刈りは懲戒処分ではありません」

――じゃ何？

N「……簡易な罰則みたいなもの……」

飲酒をし、丸刈り制裁をして批判を浴びたA班長を、N分隊長は公然と「見た目は恐そうだが、信頼できる。ガスタービンのこともよく知っている」（N氏の陳述）と評価する。部下を統率するのが信頼できる班長――という気持ちはわからないではないが、やはり是は是、非は非でやらなければ、部下はしらけてしまうだろう。

不始末をしでかした部下を丸刈りにするなど、大学や高校の運動部ならともかく、民間会社はもちろん、警察や消防を含む公務員の世界ではあり得ないことだ。こんな私的制裁を、班長の上司であるN分隊長は事実上黙認していたのだから、さぞ働きにくい職場だったのだろう。

社会と隔離された自己完結型ゆえの宿命なのかどうか、自衛隊では一般社会で通らないことが平気で通用してしまう。密室性も高い。そのことが、人間を傷つけることにも鈍感になっているのだろうか。

信太郎が残した仕事

今年早春のある日。雲ひとつない青空の下、夏子・茂夫妻の乗った乗用車が、人気のまばらな九州自動車道を飛ばしていた。宮崎市を早朝に出発して、目指すは長崎県佐世保市。裁判所へ向かっているのだ。

「もう、この道を通うのも十数回目になりますなあ……」

ハンドルを握る茂の目が、寝不足で赤く腫れている。春を迎えた筑紫平野の広大な景色が車窓をゆっくりと流れる。

「裁判の前は、気持ちが高ぶって眠れないんです。ご飯ものどを通らない。嘔吐が続いて……」

後部座席に座った夏子が、憔悴しきった表情でつぶやく——。

泊りがけで行き、弁護団と打ち合わせ、法廷に出て、次の作戦を練り、支援者に礼をして、再び帰途に着く。そうした旅を、夫妻は何度も何度も繰り返してきた。亡き息子・信太郎の無念を晴らすべく、国家相手に訴訟を起こしてからはや三年近くが経つ。年金生活の夫婦は、生活のすべてを訴訟にかけた。

資料を集め、陳述書をしたため、関係者を訪ねて回る。新聞記事にはくまなく目を配り、自衛隊絡みの事件があるとスクラップする。

自宅の居間には、信太郎の仏壇が備えられ、そのそばに訴訟の資料が丁寧に整理して置かれている。日々、新たな事件の切り抜きが加えられ、集めた資料は山を築いた。すさまじいエネルギーである。

——朝から夕方までかかった長時間の法廷が閉廷し、支援者たちはそれぞれの家路に着いた。自衛隊関係者もマイクロバスで裁判所を後にする。夏子は、お茶を前に一息つき、話し始めた。

「本当は早く子どものところへ行きたいんです」

ふいにそんな言葉が飛び出した。傍らで夫の茂が、無言で聞いている。

「死んだ子どもが、いまでも枕元に現れてくるんです。私たちには普通の日常が、あの子からは奪われてしまったんですよ。それを思うと……」

子どもの無念を晴らしたい。信太郎のような犠牲者をもう出したくない——その一心が、彼女の生きる支えになっている。

「亡くなったのは、本当にまじめな、ひとりの普通の子どもなんです。その子の命を自衛隊が奪ってしまった。そして原因を解明するどころか、この期に及んで『まだあったぞ！』と、故人の悪口を言っているんです」

自殺の予兆はあった。なぜ食い止めることができなかったのか、それを思うと無念でならない。

日本国民を守る、イラク国民のために、という以前に、自衛隊は自らの大事な隊員たちの命を守ることすらできないではないか。その大切なことを長年放置してきた防衛庁は、いったいどう責任を取るつもりなのか——子どもを奪われた夏子と茂の怒りと、悲しみ、そして痛みは、事件から五年が経った今もまったく和らいではいない。

「イラクに自衛隊が行って、戦場で自衛官が亡くなることが現実問題になってしまいました。命は何ものよりも大切なのだ——私たちは命ある限りそのことを訴え続けるつもりです。それが、亡くなったあの子が私たち夫婦に託した仕事だと、一生の仕事だと思うからです」

ニュースで伝えられるイラクの惨劇の数々に接しながら、夏子は居ても立ってもいられない。その心情の根底にあるのは、もうこれ以上、人が傷つき、悲しむのを見たくない、命を大切にしてほしいのだという、人間としてごく当たり前の願いである。

支援団体に「海上自衛艦『さわぎり』の『人権侵害裁判』を支える会」（会長・石村善治福岡大名誉教授、事務局・今川正美事務所　〒八五七—〇八七五　長崎県佐世保市下京町一〇—一　電話　〇九五六—二五—三八五八）

三章　マジメで優しい自衛官

地元の子どもとランニングに励むＰＫＯ派遣の自衛官(モザンビーク)。

1　ルポ・モザンビークＰＫＯ

いまから遡《さかのぼ》ること一一年あまり。自衛隊海外派遣の是非は、現在と比べ物にならないほど世の中の大きな関心事だった。国際貢献だ、いや違憲だと大論争が巻き起こった。騒然とした雰囲気の中でカンボジアＰＫＯが実施され、文民警察官一人が犠牲になった。それでも幸い自衛隊は全員無事帰国した。次に自衛隊が送り込まれた先が、内戦の後遺症も生々しい南部アフリカ・モザンビークである。

一九九三年五月、自衛隊ＰＫＯの部隊約五〇人が、航空輸送の乗客や物資の管理をする「調整要員」として遠路・アフリカの地に向かった。私は、隊員の素顔に触れたいと思い、同年夏、約二ヶ月間モザンビークを訪ねた。当時、マスコミ報道はカンボジア情勢をもっぱら伝え、モザンビークＰＫＯへの関心は高くなかった。

そのアフリカの地で私が見た自衛官たちは、普通の人なつこい「お兄さん」「おじさん」の顔をしていた。東京の殺人的な満員電車の中で耐えている不満気なサラリーマンたちよりも、よほど人間らしい姿だったと思う。

地雷の危険は？　マラリヤは？　彼らは、政治やマスコミ、ちまたの井戸端会議、机上の論争とはかけ離れた場所で、時に仲間に、時に自分に問い掛け、悩みながら、単調で過酷な、緊張を強いられる異国の生活を送っていた。予想外の安定ぶりにひとまず安堵する一方で、見たこともない現地の貧困を突きつけられ、自分たちの仕事や立場について嫌でも考えさせられていた。

「この国のために何かがしたい」「何ができる？」「将来、復興していい国になってほしい」「だが、もし襲撃された時はどうしたらいいのか」「日本人は殺せないと思う」「部下を守るためなら、引き金を引く」「犯罪者と言われても」「政府は？」「家族は？」……

悩める自衛官の声を聞きながら、私は、この問題を他人ごととして考えていた自分に気がついたのである。

◇

首都マプト

南アフリカの首都・ヨハネスブルグから小型飛行機で東に数時間飛んだところにモザンビークの首都マプトがある。濃く澄み渡った朝の青空が、日中の酷暑を予想させた。

バスの停留所へ向かう。頭の上に大きな風呂敷包みを乗せた三人の婦人が、中央分離帯のある道路をゆうゆうと斜めに渡っていく。砂地の路面に男が座り込み、荷物の入った土のう袋に寄りかかってくつろぐ。停留所の看板に少女が寄りかかり、腕を伸ばして退屈そうにバスを待つ。看板には「マトラ市」と白地に黒で書かれている。マトラは自衛隊ＰＫＯ部隊が駐屯する町である。

乗客を満載して走る路線“トラック”（マプト市内）。

私は、そこを目指してバスを待っていた。

日が高くなり、待ち合い客は木陰に避難を始めた。道を挟んで向いの停留所では、女たちが座り込んでおしゃべりに夢中になっている。看板の下で待っていたアロハシャツの若い男が、落ちていたプラスチックの筒を拾いその上に座り込んだ。そばの街路樹の根元には、ミカンの皮やトウモロコシの食べかすが詰まったゴミ袋。

街路樹の枝から巨大なエンドウのような実がたくさんぶら下がっている。何という木だろう――試しに男に尋ねたが、「さあ……わからない」とあまり関心のない様子。支柱にもたれた少女も首を振る。

ようやくバスが来た。どこにいたのか、二〇人以上の人が集まり我先に乗り込む。

「マトラ、マトラ！」

威勢のいい声が飛び、にぎやかな乗降が続く。

乗客たちに押し込まれるようにして乗り込む。車内では青服の運転手とこぎれいな白いシャツを着た男が楽しそうに会話を交わす。南京豆をザルに入れた女商人の一団が、前方から乗り込んでは後方から降りていく。一言も声を発せず、ただ客のほうに視線を投げかけるだけ。一〇歳くらいの少女もいる。三〜四人の乗客が買い求め、円すい形にまるめた紙筒に入った南京豆をかじる。

ディーゼルエンジンの音を派手に鳴らし、車体をきしませながらバスは発車した。車内は身動きできないほどの超満員だ。その中を、車掌が器用に五〇〇メティカル（約二〇円）の運賃を集めて回る。

二〜三時間でマトラの近郊に達した。赤茶けた畑や荒れ地が広がる。

「国連のキャンプに行くならここで降りろ」

乗客の一人に教えられ、人気のまばらな道端に私は降りた。

自衛隊がいる場所まで、インド軍の憲兵がジープで送ってくれることになった。未舗装のでこぼこ道を猛烈な土ぼこりを上げて走る。沿道の子どもがうれしそうに手を振り、親指を立てる。ジープは国連駐屯地の鉄門の前で止まった。

「英語は話せるか？」

門番のモザンビーク人の男に、インド兵が繰り返し尋ねている。何回目かにようやく意思が通じ、我々は門の中に通された。通信機器がところ狭しと置かれている場所で、三人のポルトガル兵が作業をしている。私は要件を伝えた。

「日本兵（Soldao japones）に会いたいのだが……」

「ついてこい」

インド兵と入れ替わりに、ポルトガル兵が案内役を引き継いだ。駐屯地の赤茶けた土の上をしばらく歩くと、幾張りものテントが見えてきた。かまぼこ型の大きなテント、白いフライシートをかけた背の低いテント。

ポルトガル兵は、低い方のテントを示した。中に入る。暑い。四～五人の自衛官がいた。一人はワープロを叩き、別の自衛官は蛍光燈修理の真っ最中だった。

「遠いところ、お疲れ様でした」

隊員たちは、紅茶を入れて私にすすめた。その熱い茶をすすって一息つくと、取材の申し入れをするため中隊長のテントへと案内された。

のどかさに拍子抜け

翌朝午前六時、自衛隊の仕事ぶりを見るためマプト空港を訪れた。薄明の中に「ONU」（国連）と、白地に黒字で大書きされた三機のアントノフ輸送機が駐機している。大型のミル8型ヘリも待機している。どちらも旧ソ連製の軍用機だ。

国連のミル8型輸送ヘリを見送る自衛官。

Tシャツの作業員たちがヘリの窓を拭いたり、エンジン整備をしている。軍用機を民間の会社が買い取り、国連にチャーターしている。

アントノフ輸送機の後部ハッチの前で、三人の自衛官が仕事をしていた。トランシーバーと、荷物や乗客リストをはさんだバインダーを手に、搭乗者や積荷の確認作業をしている。輸送調整（MOVCON＝Movement Control）と呼ばれる仕事だ。

自衛隊は首都近郊のマトラと、数百キロ離れたベイラという二ヶ所に別れて駐屯、国連の指揮の下、それぞれマプト空港とベイラ空港で輸送調整の仕事を行っている。

この日の第一便、アントノフ機の乗客はウルグアイ軍の兵士らだった。搭乗確認が終わった者から、どんどん乗り込んでいく。これから輸送機は、イアンバネ、ナムプラを経由してベイラまで飛ぶ。

ものの一〇分ほどで搭乗作業は終わり、低いプロペラの音を立てながらアントノフ機は飛び立った。飛行機を見送った自衛官たちは、乗客リストにボールペンでチェックを入れて無線で連絡をする。続いてミル8大型ヘリが飛び立つ。離陸の猛烈な風が砂粒の混じった埃を吹き付け、隊員らが後ずさりする。

駐機場にはインド軍の兵士三人もいた。輸送部隊だという。暇をもてあまし気味の兵士が、私の持物に興味を示した。

「そのカメラはいくらだ?」

「一〇〇〇ドルくらい」

適当に答えると、インド兵は「高いな」と驚きながらも「売らないか?」と商談を持ち掛けてきた。断ると、「じゃ、写真を送ってくれ」。カメラを向け、記念写真を撮る。

飛行機が飛んでしまうと、空港に静寂が戻ってきた。次の便まで手持ちぶさたとなった自衛官と立ち話をする。

——仕事は軌道に乗りました?

「ええ、なんとか。最初のころはONUMOZ(国連モザンビーク活動)の組織がしっかりしていなくて、何をやっていいかわかりませんでしたけどね」

この日は、朝五時半にキャンプを出てきたという。午前八時の便までいくつかの飛行機を見送ってから基地に戻る。それから朝食。その次は、午前一〇時半到着予定のヘリを出迎えるために、別の班が空港に出てくる。こうした調子で、発着予定に併せて一日数班が自衛隊の駐屯地と空港を往復している。

話をしていると、国連幹部の乗った小型ジェット機が離陸準備に入った。自衛官たちは手早く搭乗者のチェックを済ませて、駐機場の端で見送る。

「今日は遅れが少なくて『百点です』」と隊員のひとりが満足げに言う。大抵は、大幅に遅れてしまうのだ。

自衛隊が来るまで、輸送調整は国連文民職員の仕事だった。マリア・テレサというポルトガル人の女性担当者が中心でやってきた。てきぱきとした仕事ぶりには定評があり、彼女は自衛官たちの間で「おばちゃん」と親しみを込めて呼ばれている。

「彼女がいなかったら仕事が進まないんです。近く一ヶ月くらい休みを取るらしいですから、いったいどうなることやら……」

年配の自衛官がにこやかに話す。

午前一〇時過ぎになって、引継ぎ班の自衛官三人が到着した。「早起き」組の三人と交替する。さっそく隊員のひとりが、到着予定のヘリの交信を傍受しようとトランシーバーを持って空港の建物内を右往左往する。感度が悪くなかなか受信できない模様だ。

次のフライトまで時間が空いた。隊員たちと空港の外に止めた車へ戻って待つ。タバコ売りの

1日が終わり、狭いテントの中でくつろぐ隊員。

少女が、はにかむように視線を投げて「タバコはいらないか」と手で合図する。

若手の自衛官に質問してみた。

――楽しみは何？

「ビデオとか本が最近届いて、映画をみたりしています。またはゲームしたり」

「あとは冷蔵庫が来るのが楽しみです」と、相棒の隊員が付け加える。

内戦終結直後のモザンビークに展開し、緊迫して任務につく自衛隊――私が想像していたイメージとは裏腹に、拍子抜けするようなのどかさだった。

退屈して空港の中をうろついていると、一人の黒人青年が、泣きそうな顔をして寄ってきた。

「中国から来たのか？」

――いや、日本だ。

「日本へ連れていってくれ」

青年の名前はシモン、一九歳。「マプトは問題だらけだ（プロブレマ　マプト）」と嘆く。仕事を探してナンプラという遠方の町から船に乗り三日がかりで首都にきた。だが首都は失業者だらけ。仕事などなく一週間野宿が続いている。故郷へ帰りたいがその金もなくなってしまったという。

「仕事をくれ。国連に頼んでくれ」

――悪いが、私は国連と関係ないんだ。

「国連ノー、モザンビークには困っている者を助ける組織はないんだ！」

シモンは失望もあらわに不満をぶちまけた。

「対人イヌ型地雷？」

「あまりに平和ですよ。これじゃ日本の演習場と変わらない。T隊員なんて当初『自分は地雷で足吹っ飛ばされる覚悟で来ました』なんて話してましたからね」

自衛隊マトラ駐屯地で、案内役の山田隊員が冗談っぽく言う。

不安を抱え緊張してやってきたが、地雷の危険はなく治安もとりあえずのところは落ち着いている。隊員たちはほっと胸をなで下ろしているという。今では、テントの近くで犬の糞を見つけて「地雷発見！　対人イヌ型！」なんて冗談を飛ばすほど、気分に余裕が出てきた。

幸い大きな怪我や病気もない。医官の沢口自衛官によると、この一週間の受診患者は二人。「ものもらい」と、急に走ったためにおきた膝の痛み。「自衛隊の人は頑丈ですからね」と、沢口医官は笑う。

モザンビークの自衛隊はポルトガル軍の施設に同居している。食事も水も、シャワーもすべてポルトガル軍のものを使う。「自己完結型」を持ち味とする自衛隊だけに、現場の思いは複雑だ。ある隊員はポルトガル軍に対する肩身の狭さを吐露する。

「ポルトガル軍におんぶに抱っこ。肩身が狭いです。申し訳ないです。ポルトガル軍も自衛隊も同じＯＮＵＭＯＺの下にいるんです。日本だけが特別扱いというわけでもないのに」

だが、それ以上に自衛隊員は、他国の軍隊と生活をともにして新鮮な驚きを感じた。食事はうまい、住設備も大きく立派。駐屯地にバーを設営して、非番の隊員が陽気に騒ぐ。いずれも自衛隊では考えられないことだ。軍隊生活に対する考え方に、自衛隊とポルトガル軍では決定的な違いがあった。

「ポルトガル軍の作る食事はいけますよ。食っていってください」

山田隊員に薦められるままに、メッシュの日よけが張られた屋外食堂へ入る。食堂もポルトガル軍の施設だ。長机が整然と並べられ、大勢のポルトガル兵がにぎやかに食事を取っている。ビールやワインを飲んで、陽気に騒いでいる兵士もいる。大柄なポルトガル兵の間に、ぽつり、ぽつりといった感じで自衛官が混じる。こちらはポルトガル人と対照的に寡黙だ。

この日の昼のメニューは、スープに肉の煮込み、パスタ、メロン、主食はフランスパン。調理担当の兵士が、食べきれないほどの量を盛って手渡す。ワインも出る。味は悪くない。少し塩辛いのが難点だが「今では慣れましたよ」と山田隊員も満足そうだ。

ポルトガル軍の食事について、ある隊員の評価――。

「ポルトガルは酒を出すんですよね。驚きました。自衛隊は『演習』ですから、現場でうまいものを食おうなんて発想はありません。大体飯盒で飯たいて、猫飯みたいに混ぜこぜで食べる。それに比べると感覚がかなり違いますね。大体食器からして、ずっと立派だ。長期滞在するには、ああでなければ体が持ちませんよ」

隊員たちの意見は一致する。

「自衛隊も見習うべきだ。食事と住環境は大事なのだ」

「残飯はこちらです……」

食事が終わり、食堂の裏に置かれた残飯用のコンテナに食べかすを中に入れようとした――と、はだしの子どもたちが走り寄ってきて食べ残しのパンを奪っていった。目にも止まらぬ早業である。

満足に食事にありつけない子どもたちが、食事を終えたポルトガル軍兵士や自衛官を待ち構えては、残りものを手に入れようと腐心しているのだった。ポルトガル軍兵士が、時々リンゴや肉

自衛官の指導のもと、鉄棒に挑むモザンビークの子どもたち。

片をわけてやっている。大きな肉の塊をもらった少年が、手を油まみれにしてうれしそうにかじりつく。写真を撮ろうとカメラを向けると、少年は恥ずかしそうな顔して拒んだ。

こうした「基地少年」について、若い隊員が語る。

「最初は不安でしたよ。子どもに囲まれて。何言っているかわからないし。でも、一度鉄棒を設置するのを手伝わせたことがあって。その時に驚きました。いや、良く働きますね彼らは。日本のファミコン少年とは大違いですよ」

夕刻、その鉄棒の周りに子どもの一団と自衛官の姿があった。小学生低学年から中学生くらいの少年らが、必死の形相で鉄棒にしがみつく。カエルがぶら下がっているような格好の子もいる。

「力ねえなあ」

傍らで見守る隊員がひやかす。「失格!!」と、檄が飛ぶ。

「俺にやらせてくれ！」

失敗しても、失敗しても、子どもたちは奪い合うように鉄棒に向かう。

鉄棒の講習が終わり、にぎやかに走り去っていった――と思ったのも束の間、少年たちは真っ赤なプラスチック製のたらいを抱えて再びキャンプに姿を現した。

「バシオ！（たらい）　バシオ！（たらい）」

大声で叫んでいる。たらいを売りにきたのだ。山田隊員が説明する。

「誰か買うと、次は大量にどさっと持ってくるんですよ」

あまりものたくましさに恐れ入るばかりだ。


モザンビークは貧しい。内戦で経済が破綻して、「最大の産業は国連」といわれる状況に陥った。現金収入になる仕事がなく、国連やPKO部隊の基地で働くことを多くの人が望んだ。

ポルトガル軍キャンプの一角にある洗い場で、現地雇用の女性数人を見つけた。洗濯場で兵士の私服にアイロンをかけている。話しかけてみる。

――いくらもらっているの？

「五万メティカル（約二〇ドル）」

――日当？

「いや、一ヶ月よ。とても少ないわ。でも、ほかに仕事がないのよ」

女性たちは、そう嘆いた。二リットル入りのミネラルウオーターが五〇〇〇メティカルだから、月に水のペットボトル一〇本分の給料である。午前八時から夕方四時まで、土日もないという。それでも軍の食堂で食事ができるなど、メリットは少なくない。希望者はいくらでもおり、口利きがなければ就職は難しい。仕事にありつけただけマシなのだ。


「タコ少年」


マトラ駐屯地の周りをうろつく少年グループの中に、タコ少年とあだ名のついた小学高学年くらいの男児がいた。本名はエルネスト。ひょうきん者で、自衛官からも可愛がられている。

ある日のこと、基地近くの空き地にタコ少年ら悪ガキグループがしゃがみ込んでいた。近寄ってみると、自衛官にもらった古週刊誌のグラビアページを興味津々といった雰囲気で眺めているのだった。

「これから、軍のキャンプに行って食物をもらうんだ」

「ONUMOZ（国連モザンビーク活動）の人がお金をくれることもある」

子どもたちは、口々に説明する。悲壮な感じはまったくない。

タコ少年は、私が取材用に持っていた小型録音機を発見、絶大な興味を示した。

「えー、私の名前はエルネスト」

タコ少年が、自分の声を録音して、再生しては悲鳴を上げて喜ぶ。別の少年たちも次々に真似をする。

「私の名はアグスティン・ルイス！　ジュリオ、愛しているよ」

「私はＯＮＵＭＯＺの隊長だ！」

「私は、〝国連アメリカ〟(Naciones Unidas de America) で－す」と大真面目に言う子ども。「アメリカ合衆国」(Estados Unidos de America) と、国連 (Organisacion de Naciones Unidas) が合体してしまっている。

騒ぎを聞きつけて、遠方から警官がゆっくりと近づいてきた。

「警察だ！」

警戒警報と同時に、子どもたちはクモの子を散らすように走り去った。だが、じきにキャンプの周りに寄ってくるのだった。

「最近、子どもらがかなり基地の中に入ってくるようになりましてね。最近はあまり近づけないようにしているんです」

山田隊員が困惑した様子で話す。子どもの相手をしてやりたいのは山々だが、気を許すとつけ込まれる。加減が難しいところだ。

静かになったと思っていたら、タコ少年らは物陰で肉片をかじるのに夢中になっていた。ポルトガル兵にもらったのだと、タコ少年は自慢そうに肉を見せびらかせる。おまけにこちらの腹具合まで気遣ってくれる。

「お前は飯をもらったのか？　行けよ、くれるんだから」

優しい奴だな――そう思っていると、突如金をせびってきた。

「五〇〇メティカル（約二〇円）くれ」

断ると、今度は「知り合いのＫ隊員を呼んできてくれ」としつこく迫る。

――学校には行かないのか？

切り返すと、左足のかかとを見せて「足が痛い。今日は行かない」。どう見ても、まともに学校に行っている風ではないタコ少年だった。

文字通りのわんぱく、悪ガキのタコ少年だったが、彼の厳しい生活の一端を見せつけられる出来事が起きた。

駐屯地へ通うようになって何度目かの時である。つい滞在が長引いて夜になってしまった。マトラの町へ戻るバスはもうない。困っていると、タコ少年が助け舟を出してくれたのだ。

「俺のおばさんが宿をやっている。案内してやる」

彼は真面目にそう言い、先に立って歩き始めた。半時間も歩いて着いた先は、古ぼけた民家。タコ少年がドアを叩き声を掛けると、中からでっぷりと太った中年の女が出てきた。

「おばさん、この人、日本人。俺の友達」

タコ少年は、私を女に紹介した。

——泊めてほしいんだが。

要件を伝えると、女は愛想良く部屋に通した。荷物を置いてくつろぎかけた時、一人の少女が部屋に入ってきた。そして、ベッドにもぐり込もうとしたのだ。幼い顔に真っ赤な口紅をひいている。こわばった表情。年の頃、一三～一四歳くらだろうか。私は、中年女の意図するところを理解した。

——どういうことだ？

あわててクレームをつけると、女は困惑した様子で言った。

「気にいらないの？　じゃ、私でいい？」

肉親が少女に平然と売春をさせ、学校へ行くべき少年が当たり前のようにポンびきをしている。やりきれなさに耐え切れず、私は民家を後にした。この国の厳しい現実を見せつけられた思いだった。

外に出ると「なぜ？　どうしたの」としきりに首をかしげながらタコ少年が追いかけてきた。返す言葉が見つからなかった。

それぞれのモザンビーク

ＰＫＯ活動のためモザンビークに駐屯する自衛官は延べ約五〇名。全員が本人の希望による参加だ。だがその「希望」のニュアンスは、隊員一人ひとりで微妙に異なる。その辺りの事情について年配の自衛官Aさんに聞いた。Aさんの家族は、モザンビーク行きに反対したという。

「家族が反対したんですが、自分では行かなくちゃと思っていて」

家族に反対されると、本人が希望しても行けなくなる。

「上官から問い合わせがあっても、家族が反対しているとは絶対言うな」――どうしても行くべきだと思っていたAさんは、妻にそう口止めをした。上官から家族の意向を聞かれた妻は、仕方なく「私は（夫に）行けとも言っていないけれど、行くなとも言っていない」と説明したという。それで、晴れてAさんは希望どおりモザンビークにやって来ることができたのだ。

危険は感じていても、あへてPKOに参加したいと思う自衛官の微妙な心理があるのだと、Aさんは説明する。

「今回来ているメンバーは、全員希望……というか……中には『自衛官として行かなきゃいけない』という呵責を感じて来ている人もいます」

表向きは希望して任意で来ているのだが、むしろ義務感のような気持ちから「希望」したケースが少なくないのだという。例えとして、Aさんは北海道の厳しい訓練を挙げた。

「私が若かったころは『自衛隊は北海道を経験しなければならない』という気運がありました。北海道へは一回は行かなければ自衛官としてだめだという雰囲気です」

北海道での訓練は厳しいことで定評がある。そうした皆が嫌がるところへ、自分を犠牲にして行ってこそ自衛官として胸を張れる——そんな空気が自衛隊にはあるのだという。レンジャー部隊についても同様である。モザンビークに来た人の多くも、過酷な任務にあへて挑戦したいという意識から参加したのだとAさんは言うのだ。

アフリカの辺境にある、言葉もわからないし、地雷や病気、ゲリラの襲撃の危険に満ちている、そんな未知の国へ行くのは勇気がいる。

「正直な本心を突き詰めていけば『やっぱり危険だから行きたくない』という隊員が半分くらいはいるんじゃないか。行きたくないけれど、誰かが行かなくちゃいけない。だからオレが行く。そんな気持ちの人は多いと思いますよ。家族持ちは、家の人が心配する。でも自衛隊の人って、そういうけなげなところがあるんです　家庭を犠牲にしてでも、行かなければならないと。そういう勇気を持った人が多いところです」

自分の身を犠牲にしてでも過酷な現場をいとわない自衛官という仕事に、Aさんは誇りに感じている。

「私は、実は新婚なんですよ」

若いB隊員がそう言って話に加わった。自衛官として新しい経験をしたい気持ちが強く、心配する妻を残してモザンビークへやって来たという。

「妻は看護師なんです。私の体のことをずいぶん心配しましてね。アフリカにはいろんな病気があるからと、こんなに薬を持たせてくれたんです」

そう言ってB隊員がテントの中から、抗生物質や胃腸薬などあらゆる薬がぎっしりと詰まっている薬箱を持ってきて見せた。

「必要ならいつでも差し上げますよ」

陽気なA隊員とは対照的に、日に焼けた顔で話すB隊員の表情はどこか不安気だった。

「私はモザンビークがどこにあるのかもよく知らなかったんですよ」

日を改めて、別の隊員が言う。

「輸送調整と聞いていたから、輸送部隊の人が行くのかなと、半分ひとごとでした。そうしたらいきなり希望を聞かれて。PKOというのは自衛隊の中では、特殊というか普通ではないんです。それで『これは大変（重要）なことだ』と思って希望しました。まず日本ではできない苦労ができる。それからやはり名誉ですかね」

ただ、今のPKOのあり方については迷いがある。

「私自身、PKOというのがよくわからない……そう言ったら変なんですが、正直気持ちはゆれています。歴史を作るといったら大袈裟ですが、過渡期にあると思うんです。だから行くなら早く行った方がいいと」

それで、モザンビークに来ることを決断した。

戦闘の可能性を考えたことはあるか——単刀直入に聞くと、彼は一瞬口ごもった。

「いざ、そういうときにどうするんだ。引き揚げは――という辺りが明確でないんですよ。外務省は、『その都度考える』というようなことを言ってるらしいが」

内戦が再燃する危険も否定できない。心配はないか――との問いには「その時にならないとわからない」と前置きしながらも、こう漏らした。

「(戦闘を)やれと言われれば『できません』とはなかなか言えないでしょうね……いざ来てみて、モザンビークは遠いところだと、つくづく思います」

ベイラへ

午前七時発のベイラ行きアントノフ輸送機は、ウルグアイ軍とアルゼンチン軍兵士、ジャーナリスト、自衛官二人の十数人の乗客を積んでマプト空港を離陸した。高度を上げるほどに、荷物室ドアの隙間から風が吹き込んで機内が冷えてくる。

首都に近いマトラよりも過酷な環境で活動しているのが、首都から数百キロ離れたところにある小さな町・ベイラに駐屯している部隊だ。小隊約二〇人が、マトラキャンプと同じくポルトガル軍の施設の中で駐屯、輸送調整業務をやっている。その様子を取材するため、輸送機に乗って現地へと向かっているのだった。

エンジンの騒音にかき消されそうになりながら、同乗の自衛官と会話を試みる。

――ベイラでもポルトガルと一緒?

「ええ。食事と水はポルトガル軍に頼っています。彼らには親近感を感じますよ。性格も似ているし。日本で他の部隊に行くより親近感はありますね」

――地元のモザンビーク人と親しくなりませんか？

「それはありません。キャンプの近くに民家があって、そこの女の子が「物くれ」とやって来ますが、癖になるからあげません」

いつの間にか機内の乗客のほとんどが眠ってしまった。途中一ヵ所着陸してから再び離陸、マプトを出発して約二時間後に、ようやく高度を下げ始めた。寒かった機内が急に生暖かくなり、茶色の海が眼下に迫る。派手な接地音をたててアントノフ機はベイラ空港に着陸した。

空港の外に出ると、むっとした熱気が体にまとわりつく。白い国連の車が停まっている。その近くうろついているタバコ売りの少年を呼んで、タバコを買う。何を勘違いしたのか警官が飛んできて、猛然と少年の胸ぐらをつかんだ。

「子どもはタバコを吸ってはいかん！」

おびえる少年から警官はタバコを取り上げた。

「違う。私が頼んだのだ」

そう説明すると、ようやく警官は少年を解放した。少年は代金を受け取ると一目散に逃げていく。

この国では、いたるところで働く子どもと、働く女の姿をみる。そして警官が子どもをいじめるのも、ありふれた光景だ。

自衛隊の一行とともに、ベイラ街道とよばれる二車線の舗装道路を西に向けて車を飛ばす。マンゴーやバナナの林の合間に、草の茎でふいた数軒の民家からなる集落が、時折姿を現す。女性が腰巻き姿で洗濯をしている。道路は、ところどころに真新しい補修の跡がある。車にはねられ、その上を何度も車が通過して、ほとんど皮だけの敷物状になった犬の死体がいくつもある。

「ここの犬は動作が鈍い。本当かどうか知りませんが、住血吸虫にやられているといううわさです」と隊員の一人が言う。

下水管を埋設している工事現場に差し掛かる。

「内戦当時、朝になると累々たる死体がころがっていたらしいです」

隊員が説明する。

道路脇を、頭の上に袋や荷物を乗せた人が大勢行き交う。裸足が多い。白く塗装された自衛隊の四輪駆動車に向かって子どもが手を振る。自衛官が手を上げて答える。

「ここでは靴をはいていないのが当たり前だが、先日首都マプト行ったら、靴を履いていたので驚きましたよ」

そんな感想も漏れる。

やがて、自衛隊ベイラ小隊が駐屯するポルトガル軍基地の前に到着した。トランシーバーを手にしたポルトガル軍兵士がゲートを警備する。

「ちょっと待っていてください。五分で戻ってきますから」

同行の自衛官は、そう言い残して基地の中へ入り、すぐに戻ると門を通してくれた。真っ先に小隊長の八木さんに紹介される。

「暑さがすごいし、夜は冷える。変な虫もいて、テントをかじられましたよ」

小隊長は、小型冷蔵庫から取り出した缶ビールを勧めながら、ぼろぼろになったテントの裾を示す。うわさに聞いていた通り、ベイラは首都マプトより過酷なところだった。

家庭的なキャンプ

「一人でキャンプ内を歩かないでくださいね」という八木小隊長の指示に従い、自衛官に案内されてテントの間を歩く。

「マトラ、マトラ、こちらブラボー……送れ」

テントの脇で、ひとりの隊員が無線でマトラ駐屯地を呼びだそうと奮闘している。二、三度繰り返すが応答は来ない。その横で、別の隊員がマトラ駐屯地から届いたファクスを呼んで笑っている。

カメラを構えると、無線機と格闘していた隊員が顔をほころばせて言う。

「あんまり緊張感のある写真撮れないでしょう。勇ましいのはイタリア軍くらいですからね…

…」

イタリア軍は、空挺部隊などの戦闘部隊を派遣しており、戦闘や地雷の危険が高い地域にも展開している。

テントのひとつに入ると、ちょうどTシャツ姿の隊員がワープロを叩いているところだった。

――写真撮っていいですか？

カメラを向けようとすると、隊員はあわてて「待って……この格好じゃまずい」と迷彩服を取りに立ち上がった。

――やっぱり制服じゃないとまずいですか？

「ええ……、でも暑いですから。今日はまだマシな方ですよ」

隊員はばつの悪そうな顔で言った。

いくつかのテントを回り、隊員たちに挨拶をかねて雑談を交わす。ベイラキャンプは隊員がわずか一〇人余りで、家庭的ななごやかな雰囲気がある。

「こっち（ベイラ）はいまのところ平和ですね。道路の標識看板なども整備されてきました。あちこちで工事もやっているし。灯台もペンキを塗った。近隣国のアンゴラは内戦が激しいと聞いています。情報あったら知りたいですよ」

「街の人の動きが変わってきたね。忙しそうになった」

「靴をはく人も多くなった。我々がここに来た当初は、空港の周辺なんてみんなはだしだったのに、最近は靴をはいている」

隊員らは、そう口々に言う。戦闘もなく、地雷の危険も予想していたほどではなかった。急速に復興する様子を目の当たりにして、隊員たちは「貢献できてよかった」「役に立ててよかった」「うれしい」と感じている様子だった。そして、それが過酷な任務を続ける精神的な支えになっていると思われた。

「日本人は地元の住民に好かれていると聞くんですよ」

ある自衛官が、「日本軍」の世間での評判を教えてくれた。

「車で走ると子どもが手を振るでしょ。西欧の某軍など、嫌われて車が通ると子どもが逃げるらしい」

「某軍」とは、戦闘部隊を送り込んでいる国の部隊を指す。

見ず知らずの国にいって、そこの人に嫌われたら誰だってつらい。地元の人に感謝され、好かれたい――という気持ちが、隊員たちの口ぶりからひしひしと伝わってきた。

◇

悲劇の国アンゴラ

当時、モザンビークと同じ南部アフリカにある旧ポルトガル植民地のアンゴラでは、三〇年来の内戦が一時停戦後に再燃・激化。社会主義政権と反政府ゲリラの間で激しい戦闘が続き、多数の市民が戦闘や病気、地雷の犠牲となっていた。アンゴラには、ダイヤや石油といった高価な資源が豊富にあり、戦争の背景にそれらの巨大な利権が絡んでいた。

一方のモザンビークは、アンゴラと同様に社会主義政権と反政府ゲリラの間で内戦が続いていたが、資源は農産物や魚介類くらいしかない。モザンビークの停戦がうまくいったのも資源のなさが幸いしたのだとの見方がされていた。貧しいながらも着々と復興を遂げるモザンビークと、連日破壊と殺戮が報じられるアンゴラは、好対照だったと言える。

モザンビークの自衛隊を訪ねた後の一九九三年秋から暮れにかけて、私は内戦中のアンゴラに入り、内戦が及ぼす被害の実態について垣間見ることができた。そこで目撃した惨状について、私は雑誌に次のようにレポートした。

アンゴラ共和国では、政府MPLAと反政府ゲリラUNITAの内戦が一八年も続いている(一九九三年当時)。一日の死者の概数すらわからない状況だ。独立による石油などの利権喪失を危惧する勢力が、アメリカや南アの支持を受けて政権つぶしを図ったのがそもそものきっかけである。

豊かなはずの農地には双方の地雷が埋められ、付近には反政府ゲリラが待ち伏せしている。食料不足から栄養失調に、さらに伝染病に冒され子どもや老人が次々に命を落とす。

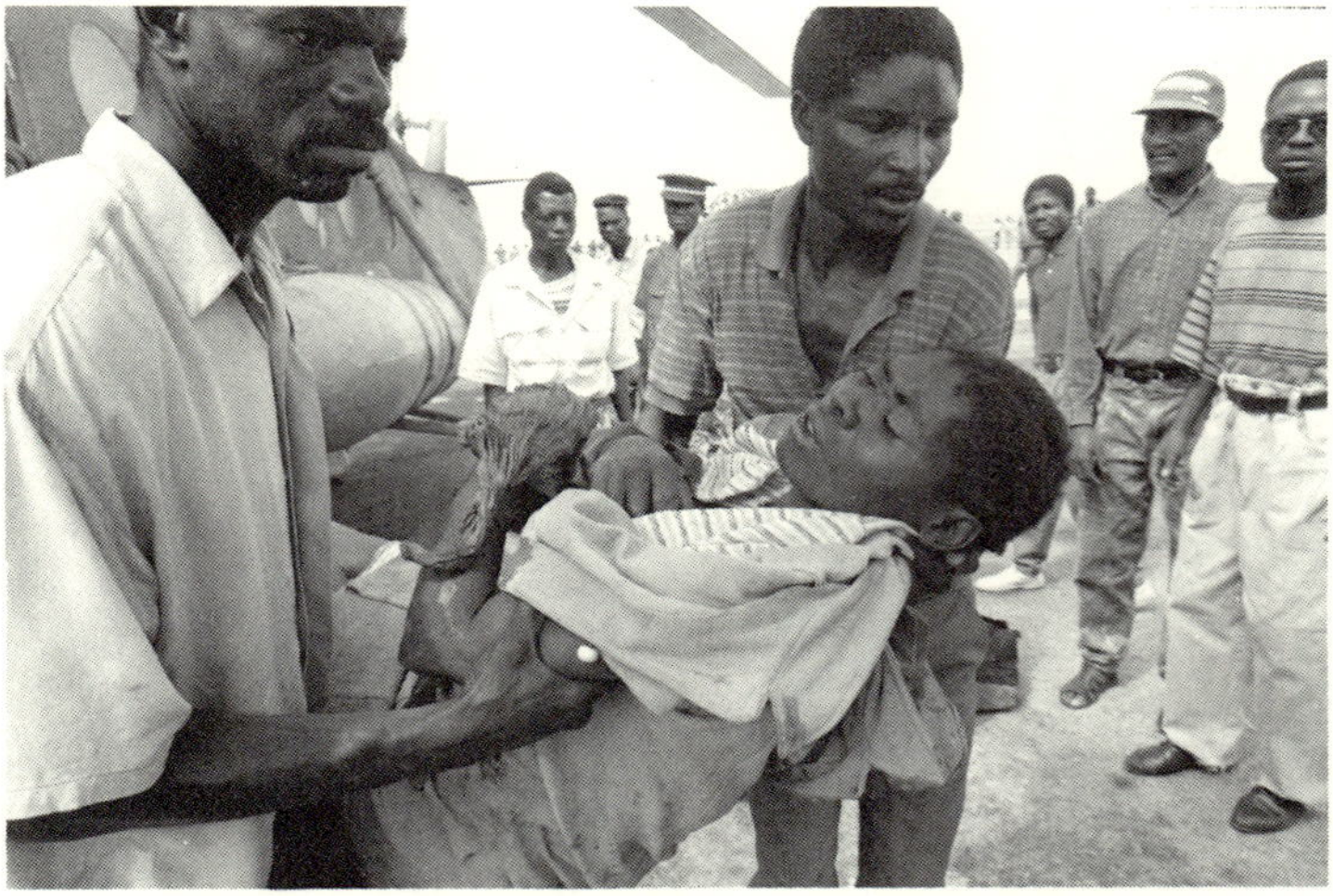

ゲリラの襲撃を受けて重傷を負った女性（アンゴラ）。

東部の町・ルエナで、たどり着いたばかりの避難民の一行に出会った。二〇kmほど南の村から、着の身着のままで一晩中森の中を歩いてきたという。

アメリア・カナナさん（一八歳）もその一人だ。ある夜、UNITAの兵士が村に侵入、「ゲリラに協力するのか」と詰問を始めた。拒む者は殺された。作物、肉などを奪ったあと、ゲリラ兵たちは家を焼き払った。かろうじて脱出した彼女は、村人らと、政府軍のいるルエナを目指す。途中、橋を渡ろうとしたカナナさんは地雷を踏み重傷を負った。

UNITAがこうした残虐行為を繰り返す一方で、MPLA＝政府軍＝も腐敗を極めている。援助物資の横領、横流しは日常茶飯事。周囲をゲリラに囲まれた町・ションゴロイではMPLAのヘリコプターが唯一の交通手段だが、その操縦士らは住民から法外な〝運賃〟を巻き上げている。胸に貫通弾を受けた瀕死の青年を置き去りにして、都市で高く売れるヤギを運ぶありさまだ。

アンゴラは日本が初めて文民部門のＰＫＯに参加した国だが、今は在ジンバブエ大使館員が年に数回視察する程度の外交しか行っていない。この国で精力的に働く各国のボランティアの中に日本人の姿は数えるほどだった。

カネやモノだけの、また自衛隊に固執した〝国際貢献〟を、この国の民衆が心から喜ぶとは思えない。

（一九九四年三月『週刊現代』　事実関係は取材当時）

アンゴラの内戦は後に何度か停戦が実現し、国連も介入した。だが国連関係者にも多数の犠牲者を出し、撤退を余儀なくされた。二〇〇二年に、ゲリラのトップが殺害され、三〇年近くに及んだ激しい内戦はようやく終結した。だが、いまもおびただしい地雷が残されており、犠牲者を出し続けている。モザンビークの停戦が壊れず、アンゴラのような惨状がなかったことは、自衛隊にとって幸いだったというほかない。

「本当は食べ物をやりたいが……」

首都から遠く離れたベイラでも「基地少年」はいた。

基地の外側に目をやると、物欲しげにぶらぶらしている少年がフェンス越しに中を覗き込んでいる。汚れたシャツをまとい、裸足である。貧しい現地の子どもたちが、物資を豊富に備えた国連部隊の施設に群がる構図は田舎町でも同じだった。私は少年に近づき話し掛けた。

――何をしているの？

「散歩……」

――学校は？

「二四時から……」

――働いているのか？

「そうだ」

――何の仕事？

「……」

――何もすることがないのか？

「ああ……」

少年の目は、私の胸ポケットに釘付けになっている。欲しくてたまらないという顔つきだ。

駐屯地近くの道の真ん中で、輪になって遊ぶ子どもたち。時折、国連のトラックが土ぼこりを上げて通る。

「ボールペンをくれ、二本持っているだろう」

断ると、「五〇〇メティカル（約二〇円）をくれ」と金をせびった。街中を歩いていても、一日何度も子どもたちがまとわりついて物や金をねだってくる。まるであいさつ代わりのようだ。

少年の話を、年配の自衛官にしてみた。彼は同情するような表情で次のように話した。

「最初は、食べ残しを与えていたんですよ。でもケンカになるから中止したんです。並んで、太郎君、次は次郎君——という風にできればいいんでしょうが、必ず誰かが一人占めしようして、ケンカになる。じゃ、やらない方がいいと、隊で話し合って決めたんです。本当はやりたんですけどね」

金をせびられるなど、日本ではされたこともない経験だった。

「私たちにしたら、五〇〇メティカルなんてお金じゃないですよ。一日一〇人の子どもに五〇〇ずつやったとしても五〇〇〇メティカル(約二〇〇〇円)。わずかなもんですよ。でも、果たしてお金をやることがいいことなのかどうか。それで助けになるんだったらいいですが」

この問題も隊員たちで話し合い、窓を拭くなどの労働をした場合はともかく『ただ金くれ』という子どもにはやらないことに決めたのだ。

年配の隊員は、モザンビークが初めての外国だった。「ノート・鉛筆が買えない子ども見るとショックですよ。自分の子どもと比べてしまいますからね、複雑です」と話す。「基地少年」問題は、自衛官たちがそれぞれの思いで受け止めた異文化体験だった。


日が西に傾き日中の猛烈な暑さが和らぎ始めたころ、キャンプ裏の空き地に穴を掘り、隊員がゴミを燃やし始めた。二〜三メートルの炎が勢いよく上がる。その様子を、遠巻きに見ていた中年のモザンビーク人の男が私に言った。

「あの、燃やしている木材をもらえるように頼んでくれないか」

建築材料にでもするのだろう。何の気なしにゴミを焼く自衛官に伝えたところ、彼は申し訳なさそうに説明した。

「事情はわかるんですよ。始めの頃は持って帰ってもらってたんですが、森の中に不要なものを散らかしてしまったんです。ケンカもするし。それで今はこうやって全部燃やすようにしています」

ペットボトルの空き容器は、一個数百メティカルで取り引きされる。欲しがるモザンビーク人はいくらでもいる。しかし、これも持ち帰りはさせずに完全に処分する。希望者が殺到する、洗濯など基地で働いた場合の日当は二〇〇〇メティカル（一〇〇円弱）が標準。外国人がふんだんに消費する、輸入物の二リットルミネラルウオーターは、一本五〇〇〇メティカル(約二〇〇円)である。

生活の糧を求めて基地に群がるのは、子どもだけではない。

「善意」の反応にとまどい

七月下旬。ベイラに駐屯する自衛隊の小隊は、ある計画を実行に移した。隊員が小遣いを出し合ってノートとボールペンを買い、地元の小中学生にプレゼントしようというのだ。物や金をねだってくる子どもたちに日々まとわりつかれて隊員たちは辟易しながらも、やはり心の中では「文具も買えずに勉強できないのはかわいそうだ」と気になっていたのである。ノートには日の丸とモザンビークの旗を刷り込み、人数分の二〇〇〇組を用意した。

プレゼントの方法は、学校にまとめて渡すのは避けて、手間はかかるが子ども一人ひとりに手渡すことにした。肝心の子どもに渡らずに横流しされてしまうのを恐れたためだ。

地元の学校は、教室と先生の数が足らないために、クラスごとに登校・授業の時間が別れている。自衛隊の「ノートプレゼント隊」はまず、午前中に登校してくる小学生を対象に、運動場で手渡した。

運動場に整列した小学生を前に、八木小隊長の挨拶が始まった。

「私たちは、ＯＮＵＭＯＺの平和維持活動（ＰＫＯ）に参加しています。私たちは一一月までここにいます。今日はノートとボールペンを、全員の子どもたちにプレゼントします。一生懸命勉強してください」

英語で挨拶をする小隊長の言葉が、ポルトガル語に通訳される。それを子どもたちは神妙な顔で聞いている。学校関係者も総出でセレモニーを見守っている。

セレモニーに続き、文具の手渡し作業に入った。五～六列に別れ、ノートの山を持った隊員がノートを手渡していく。最初は小学低学年の部だ。あどけない子どもたちが、真新しいノートとペンをもらって、うれしそうにしている。「ジャポン（日本）、ジャポン」と口にする子もいる。

次に、年長（小学高学年）の部に移った。こちらは、スムースに進んでいたのは最初のころだけ、しばらくすると列が乱れ始めた。大声を上げてもめている場所もある。笑顔でノートを渡していた自衛官も時折首をかしげ始めた。

「君、さっきももらっただろう？」

一人あたりノート一冊・ボールペン一本のはずが、何度も列に並んでいくつも手に入れるという〝反則〟が続出し始めたのだ。学校の先生といえば、それをとがめることなく、ただ眺めている。とうとうノートを抱えた自衛官のところに子どもが殺到、大混乱に陥った。結局、用意したノートが足りなくなって、プレゼント作戦は中断を余儀なくされた。

「いやあ、疲れましたよ。すばしこい奴が何度も並んで何冊も持っていってしまった。いったい親はどう言うのかな。『良くやった』とほめるんだろうか?」

昼になってキャンプに戻った隊員が、こぼす。年長クラスの小学生の中には、真っ白いズック靴や、アメリカ製のきれいなデザインのTシャツを身につけていたり、腕時計をしている者もいた。いつも、基地の周りで見かけるようなぼろ服に裸足といういでたちの者はいない。

「意外に豊かですよね」と、別の隊員が驚きを口にする。

感謝の言葉がまったく聞かれなかったのも隊員たちにとっては予想外だった。

「『ありがとう』という子も一人もいなかったですしね……」

物をもらったときには謝辞を述べるという日本では当たり前の文化が、モザンビークでは必ずしもそうではなかったのだ。

午後からは作戦を変更。多重取りを防ぐ対策として、子どもを教室に入れて、机に座ったままで手渡すことにする。混乱はもうなかったが、結局、ノートはすべての子どもに行き渡らず、品切れとなってしまった。

「もっと困っている子どもらにやりたかった」と、困惑しながらも一人の隊員は言った。

「昔の日本でも、物がなくて勉強ができなかったように。これをきっかけに、彼らには勉強してほしい。知識がなければ国は発展しませんから」


夕方になり、遅い時間帯の授業に出る子どもたちが集まってきた。中学生くらいだろう。聞けば彼らもノートはもらえなかったという。子どもたちは、外国人や国連をどう思っているのだろうか、一人の少年に質問をぶつけてみた。

——国連はモザンビークで何していると思う？

「……？」

——オヌー（ONU＝国連）は好きか？

「好きだ」

——なぜ？

「……強そうだから」

——そのうちに引き揚げる
「それは本当か？」

——いて欲しいか？

「ええ」

――なぜ？

「……戦争はいやだから」

ジョンという中学校の教師が会話に加わった。

「この国の大きな問題は、多くの成人の大人が勉強も仕事もせずにぶらぶらしていることだ。学校へ行っても、学費もかかるのでじきに辞めてしまうんだ」

ジョンは嘆いた。

学校に行くためには、学費はもちろん、文具や服を自前で買わなければならない。モザンビーク人にとって、現金収入に余裕がある一部の人を除いては、学校を続けるのは難かしいことだ。だからと言って、文具を寄贈すれば解決するかというと、物事はそう単純ではない。文具が横流しされる危険がある。勉強以前の生活が厳しい。せっかくもらったノートや鉛筆を売って生活の糧にせざるを得ないほど、モザンビークの一般市民は貧しい。

「国際貢献は難しい。日本のＯＤＡがうまくいかないのもわかりますよ」

ノートプレゼント作戦に参加した自衛官は、予期せぬ子どもたちの混乱に疲労困ぱいし、ため息混じりに感想を語った。

政府高官が来た日

七月終わりの週末、ベイラ駐屯地は、自衛隊もポルトガル軍も朝からあわただしく動いていた。あちらでは軍靴をブラシで丁寧に磨き、こっちでは、ペアになって制服の乱れを点検している。柳井俊二・総理府ＰＫＯ事務局長（当時、駐米大使を経て現中央大教授）が、日本から視察に訪れるため、その受け入れ準備に追われているのだった。

視察受け入れのセレモニーなどの準備は、ポルトガル軍の兵士が全面的に協力した。「ポルトガル軍は本当によくしてくれる。俺、ポルトガルに移住しようかな」と、隊員の一人が冗談を言う。

到着時間が近づいて、正装をしたポルトガル兵と自衛隊の隊員が門のところに捧げ筒をして整列した。予定時間をかなりすぎても柳井局長はなかなか到着しなかった。汗がじっとりとにじむ。

三〇分ほど遅れて、ようやく柳井氏の乗った車が姿を現した。ポルトガル兵と自衛官が最敬礼で迎える。

柳井局長は、給水や無線、食事の施設など、駐屯地を早足で視察した後、ポルトガルの国旗と日の丸を掲げたセレモニー会場で歓待を受けた。私は柳井氏に質問をぶつけた。

——国内でＰＫＯは違憲だと反対する声があります。それに対してどう思いますか？

柳井氏は、にこやかな表情で、次のよう答えた。

「憲法違反というのは、現状を見ていただければよくわかることです。違反というより、むしろ憲法が目指しているところに沿っていますよ」

ポルトガル兵や自衛官と一緒に記念写真を撮ると、柳井氏は、外務省の職員とともに再び車に乗り、あわただしく去っていった。

「こういう儀式は疲れるんですよ。ポルトガルに気を遣いますしね」

一行が帰った後、片づけをしながら一人の自衛官がそっとぼやいた。

柳井局長の視察からしばらくたった夜のこと。私はポルトガル兵、自衛官数名と一緒に、町で一軒のディスコに繰り出した。外見はただの木造の小屋。中に入ると目をこすらないと見えないような薄暗さだ。タバコの煙が充満した空間を派手なカクテル光線が飛び交う。満員の客でひしめいているのがかろうじて見える。大音量のアメリカ音楽に乗って、地元の若い女性とポルトガル兵が抱き合って踊る。

自衛官、ポルトガル兵らとテーブルに着いて酒を飲む。ビール、ウイスキー。

「出身はどこですか?」「彼女はどうしているのか」「ポルトガルはいいところだ。俺も行きたい」「ああ、ぜひ来てよ」

大音量の音楽に負けないよう声を張り上げながら、英語とポルトガル語で歓談する。夜がふけ、酔いが回ってきたころだった。

「I am blue（憂うつだ）」

若い自衛官が、横のポルトガル兵に強い調子で訴えた。かなり酔っている様子だ。後は日本語で続けた。

「虚脱感を感じますよ。出すときは全面的にバックアップすると言っていたが、来てみると何もない。手紙はなかなか届かないし……」

衛星を使った高価な国際電話は自腹だ。半年間のテント暮らし。現地人や他国の隊員との会話に四苦八苦しながら、仕事も生活も一緒くたの毎日。円滑にいかない業務。戦闘が収束して平穏だとは言え、ストレスはたまる。

若い隊員は、辛い気持ちを吐き出すようにひとしきりぼやくと、酔いつぶれた。その姿が痛々しかった。

こうしたストレスのある任務の中で、隊員たちは自分たちの仕事とどう向かっているのか。裸電球のともるテントで、数人の隊員と話した。

「自衛隊のやっていることは、国連のためにはなっているのかも知れないがモザンビークのために果たしてなっているのかどうか」

若手隊員が本音を言う。それに対して別の隊員が反論する。

「五〇年先、一〇〇年先を考えてやっているのではないか。この国は戦争なんかやっている場合じゃない」

実際問題として戦闘に巻き込まれることを考えたことはないのか――

「ここもあと三、四ヶ月後にはどうなるかわからない。『やれ』と言われれば『できません』とはなかなか言えないだろうな」

若手の一人はそう話す。それを聞いていたベテラン隊員は、熱っぽく語る。

「日本人は殺すなんてことはできない。そういう状況になれば自衛官の四分の三は辞めるでしょう。

誰だって人殺しと言われるのは嫌ですよ。私たちは、少しでもモザンビークのためになればと思って来ているんです。それを人殺しのように報道されると腹が立ちます。家族を犠牲にして、自分もつらい思いをして、それで茶化されたら腹立ちますよ」

自衛隊のＰＫＯを批判する報道への不満は、多かれ少なかれ当の自衛官たちの中に共通してあるようだった。

隊長と語った夜

近くモザンビークを離れるという夜、Ｃ隊長と語り合った。

――今回の任務をどう感じていますか？

「今回は、ある意味で純粋なＰＫＯ（平和維持活動）だと思う。国益もあまり関係ないし、アフリカや国際社会に対して、平和に貢献しているイメージを与える。ドイツがカンボジアに医療隊を出したのと同じだ」

――ＰＫＯ法の成立過程で騒ぎになった。

「あれ以上の方法があったのだろうか。今やっている任務が民間にできるかということを考えてほしい。我々は軍事組織の一員ではあるが軍人ではありません。国連の軍事部門で働くということは、自衛隊じゃないとできない。指揮系統もスムーズに行く……。

軍隊の仕事というのは、汲み取りやゴミの回収と同じようなものです。誰もこんなところでホコリだらけになってやりたくありませんよ。でも誰かがやらなければならないんです」

だんだん口調に熱を帯びてきた。

――自衛隊反対という意見にはどう思います？

「反対する人は、国益を守るためにどういう手段があるのか、明確に示してほしい。ほかに日本の国益と国際的な立場を守る方法があれば我々（ＰＫＯ）は必要ではありませんよ。国内で訓練に専念できるからいいですよ。建前上は、国民の意思によって働いているだけです。国民がＮＯと言えば、それに従うだけなんです」

――危険地域へ行けと言われても？

「そう。危険なところへ出るようになったら『来たくない』というのなら、自衛隊は何のために給料もらっているのかということになります。国民との契約ですからね」

――じゃ、国民が「自衛隊はいらない」と判断すれば……

「その結果、自衛隊がなくなってもいいのですよ。要するにちゃんと筋を通せば、自衛官は納得します。国民が『ダメだ』と言えば、それに従うでしょう。自衛官も一人ひとり違います。『国を守るんだ』という者もいれば腰掛けで来ている者もいる。『やめようかな』と思う者もいる。それそれです」

——あなたの部隊の隊員について聞かせてください

「ウチの隊員には本当に頭が下がりますよ。みんな、何かの形でこの国に貢献したいという気持ちで来ています。政府の立場なんかを超えたところで、隊員は純粋に役に立ちたいと思って来ているんですね。それをマスコミの方には理解してほしい。……うまく説明できないんですが、自衛隊は軍隊とは違うんです」

——危険な目に遭ったときのことを考えませんか？

「我々は命令があったら動くだけです。でも、日本人は撃てないですよ。戦後の教育の賜物でしょうか。ただ、部下を攻撃されたらわかりません。そりゃ私だって死にたくはないですよ。でも仕事ですから。女房にもそう言っています。部下というのは家族以上、女房以上なんですね。部下を守るためなら、例え殺人罪に問われても敵を殺す覚悟はあります。部下は殺したくない。自衛官なんて単純なんですよ。純粋培養というのでしょうかね。ですから、彼らを裏切らないような選択を国民にしていただきたいと思うんです」

——たとえば、自衛隊を解体するという選択がなされたら？

「私自身とすれば、受け入れます。国民の支持があってこその自衛隊です」

——戦争はやってほしくない

「ハハハ……自衛官だって戦争やりたいなんて者はいないんですよ。演習ですらあれだけ厳しいんですからね。でも、『行け』と言われたら行かざるを得ません。そうしなれば部下に申し訳が立たない。

ただ、女房にだけは頭が上がりません」

午後六時、夕暮れのベイラ空港で二人の自衛官とミル8型輸送ヘリの到着を待つ。予定より約一時間の遅れだ。昔はもっとひどかった。当初と比べるとずいぶん仕事が円滑に進むようになったとか。

西の空を鮮やかに染めた夕焼けの赤が、刻々と色を変えていく。

「この風景は好きですね」

若手隊員が遠くを見てつぶやく。

「やっぱり帰る時は悲しいだろうな」

相棒の自衛官がつぶやく。

「もう二度と来ることはないでしょうから……」

それを聞いて若手が言う。

「私は三〇年後に来たい。三〇年とは言わないでも、一〇年くらい後に。この国がどうなっているのか見てみたい――」

やがて西の空からかすかに爆音が聞こえてきた。弱くなった夕日を浴びてミルヘリコプターが着陸する。ローターが止まるのを待ってから、二人はゆっくりと機体のほうに歩いて行った。

◇

「モザンビークの自衛隊が置かれた状況は、少なくとも表面上は平穏だった。犠牲者を出すこともなく無事任務を終えればＰＫＯの成功例として数えられることだろう。だが、この成功例が第三、第四の自衛隊ＰＫＯ参加を勢いづけるならばこの平穏が不気味に思えてくる」

取材を終えた一九九三年七月当時、私はこのように感想を書き留めた。予感は、一〇年あまりの時を経て当たりつつあるように思う。

モザンビークＰＫＯの後、自衛隊はルワンダ、ゴラン高原、東ティモールなど、次々とＰＫＯ派遣を実施した。やがて世間の関心は薄れていった。そしてイラクへの派遣に至った。いつの間にか米軍主導の多国籍軍に参加している。「国際貢献」は「テロとの戦い」にすり替わった。この事態を、一〇年前に誰が想像しただろうか。

いつ犠牲者が出ても不思議ではない危険に直面している自衛隊に対し、世の中やマスコミは一〇年前よりもはるかに無関心でいる。なぜかはわからない。ただ、そのことが、私には当時とは比べ物にならないほど不気味に思えて仕方がない。

2　ルポ・東ティモールＰＫＯ
——老人たちが語る「日本軍の記憶」

二〇〇二年三月。自衛隊は、国連ＰＫＯ活動の一環として、独立を間近に控えた東ティモールへ、機関銃などかつてない重装備を携えて参加した。再建を期待する大方の国民が自衛隊の到来に期待し、歓迎した。だが、いくら「国際貢献」を強調したところで、いつも自衛官を見る目が優しいとは限らない。

東ティモールはかつて日本の占領下にあり、その間に強制労働や飢餓、虐殺で数万人が死亡したと言われる。性暴力も吹き荒れた。その忌々しい占領体験は、いまだ被害者の心から消えてはいなかったのである。この国には今も、自衛隊を「旧日本軍の再来」だと捕え、不快感を抱く人たちがいた。

独立を直前に控えた二〇〇二年二月から三月にかけて東ティモールを訪れ、悲しい時代を生き抜いた証人たちの記憶をたどった。

「日本軍が来たとき、私は一二歳でした……」

真夏の太陽が照りつける東ティモールの首都・ディリ市内で、かつて日本兵に性暴力を受けたという女性を訪ねた。七〇歳あまりになるマリア・ロサ・フェルナンダさんだ。ロサさんは一九九九年の騒乱で家を焼かれてしまい、この時は親戚のところに身を寄せていた。時折、涙をこらえながら、彼女は忌まわしい思い出を次のように語ってくれた。

〈私のふるさとは東ティモール西部のボボナロ県にあります。一九四二年、私はそこで、上陸してきた日本軍に捕らえられ、上官の「妻」にさせられました。私は、まだ生理もないような子どもでした。上官の名は「タニヤマ」です。私はタニヤマに何をされたか……おぞましくてとても口では言えません。タニヤマの後、別の軍人が来て家に住み込みました。

嫌がって逃げ回る私を、日本兵が探し回ったものです。木の上に隠れて夜を明かしたこともしばしばありました。

ボボナロ県には「慰安所」があって、何十人もの女が入れられました。村長らを脅して、スワイやティリオマールなど、多くの村から集められた女です。女は日本兵の性交渉の相手をさせられました。定期的に入れ替えも行われていました。

日本軍がいなくなってから、もう苦しむことはなくなった。本当にひどかった〉

ＰＫＯの自衛隊が東ティモールに来ることについてどう思うか。そう尋ねると、ロサさんは穏やかな口調で言った。

「私のように、(自衛隊を見るのが)嫌だと思っている人は他にもいます。まるでヤギかヒツジのように逃げまどった……あんな目はもう嫌です」

ロサさんのように悲惨な体験をした女性は、東ティモール全土で少なくとも数百人はいたと考えられている。日本の研究者と協力して聞き取り調査を進めている地元のNGOフォクペルスの調べによると、国内の一〇ヶ所以上に「慰安所」が置かれ、それぞれ数十人の女性が強制収用されていたという。温泉地で知られる西部ボボナロ県のマロボという場所には、日本軍が慰安所に使った石造りの建物が現在も建っている。

内乱が収まり、インドネシアからの独立が決まってようやく、日本軍による戦争被害の調査が可能になってきたものの、積極的に証言に応じる被害者はいまだに少ない。過酷な記憶を思い出すこと自体が、大変な苦痛を伴うからだ。さらに、過去を知られることで家族に〝迷惑〟がかかったり、周囲から好奇の目で見られることを恐れる人が圧倒的に多い。悲痛な体験を胸に、何も語らず亡くなった被害者も数え切れないとみられる。

「日本軍の上陸から六〇年を経た今でも、被害者の女性たちは精神的なダメージとトラウマに苦しんでいる。日本政府は過去にこの国で何が起きたかを認識してほしい」と、フォクペルス代表のペレイラさんは語る。

自衛隊が到着した空港で「日本兵に会わせて欲しい」と訴える元“慰安婦”の女性（手前左の２人。2002 年３月４日、東ティモール・ディリ空港）。

占領下で悲惨な目に遭ったのは女性だけではないという。東ティモールに上陸した日本軍は地元の男たちを強制労働に駆り立てた。

東部バウカウ県にある山間の村・ベルコリに、その痕跡があった。棚田が広がり、バナナの木が茂る一見のどかなこの村には、日本軍が地元の農民を使って掘らせたという巨大な壕（トンネル）が残っているのだ。

壕は山腹をえぐる格好で計七本が掘られ、それぞれ間口が二〜三メートル、奥行きは約二〇メートルもある。内部には、七本を結ぶ横断トンネルがある。岩盤を手で掘削したものだといわれ、掘削面にはノミの跡が残る。

ベルコリ村の長老ヘルメネジルド・ソウサさん（七五歳）は、日本軍に徴用されて壕を掘らされた一人である。ソウサさんは、壕の入口に立ち、憤りを込めて訴えた。

〈私がまだ一五歳のときでした。日本軍が上陸してオーストラリアなどからなる連合軍と戦闘を始め、私たち村人はジャングルに逃げ込んだのです。数日して戦闘が収まると、日本軍は村人に出てくるよう呼びかけました。私たちが出て行くと、日本軍は男たちに向かって、スコップやツルハシを持って集まるようにと命令しました。近隣の村にも同様の呼びかけを行っていました。

レキブシとワトゥブシという二人の男が出頭を拒み、見せしめに殺されました。このとき手を下したのは、日本軍の傀儡になっていたガスパルという名のリウライ（首長）です。ガスパルは「言うことを聞かないと殺すぞ」と私たちを脅しました。

私はツルハシで掘る役で、別の村人がスコップで土を出しました。仕事はきつくて、耐え切れずに死んだ仲間もいます。ジャングルに逃げた者は、見つけ出されてひどく殴られました。私も「眠そうにしている」ととがめられ、腕の太さほどもあるこん棒で殴られたことがあります。さらに岩をぶつけられたり、縛られたりして懲らしめられました。賃金はもちろん、食事もくれません。労役が終わると私たちは畑や田んぼで働いて食べ物を作ったものです。

壕ができ上がると、武器や弾薬を大きな箱に詰めて中に運び込まされました。そしてまた、別の場所に壕を掘るよう命令されたのです。こんな生活が、戦争が終わる一九四五年八月まで三年半続きました〉

自衛隊が東ティモールに来ることを、ソウサさんは知らなかったという。「昔のようなことをまたやるのなら嫌だ。国を助けてくれるのならいいが……」と口ごもった。旧日本軍と自衛隊の区別がついていないような口ぶりだった。

占領中の加害行為について、日本政府は東ティモールに対して謝罪・賠償・本格的調査を行っていない。東ティモールの政治リーダーたちも、過去のことには触れず自衛隊を歓迎している。

確かに道路や橋を修理する仕事に期待する市民は多い。一方で、内乱が収まり、治安もよく政治的に安定した東ティモールに自衛隊が重火器を携行して登場する必要性には疑問の声もある。

「今ごろ来るのに、機関銃はいらないよ。代わりにスコップを持ってきたらどうか」

複数のオーストラリア人文民警察官は、笑いながらそう言った。

また、道路修復と言っても、自衛隊の主要任務はあくまでPKF作戦上の道路「主要補給幹線」（MSR）の維持であって、一般市民の生活を最優先した内容ではない。

「工法、コスト、経済効果などから考えても民間が工事をする方がいいと思う」と、現地のNGO関係者も指摘する。

「東ティモールの独立のために貢献することを誓います」

二〇〇二年三月四日。自衛隊「第一次東ティモール施設群」先発隊を乗せたC130輸送機三機がディリ空港に着陸し、各国の記者を前に小川祥一群長は力強く切り出した。一方、空港の入り口付近では、性暴力や強制労働、徴兵で駆り出された高齢者らや、地元のNGO、支援者ら三〇～四〇人が集まり、謝罪と賠償を求めて日本政府に抗議を行った。

被害者の老人たちは「自衛隊や日本政府に、私たちの話を聞いてほしい」と訴え、炎天下の屋外に立ち続けた。しかし、その切実な願いは届かず、自衛隊幹部と政府関係者を乗せた真新しい四輪駆動車は空港の裏門から〝脱出〟してしまった。

「東ティモールに貢献したい」。きっと、大半の自衛官はそう思っていることだろう。だが一方で、かつて日本が占領した土地に、日本軍に踏みにじられた人が生きていることも事実である。年老いた彼らの声に耳を貸そうともしないまま、いくら日本政府が「貢献する」と言っても説得力はないだろう。

「日本政府は、まず謝罪するべきです。そうしてこそ、東ティモールとの間に本当の友好関係を築くことができるんです」

インドネシア軍占領当時から東ティモールに住み、NGO活動を続ける高橋茂人さんはそう訴える。

（二〇〇二年四月『週刊金曜日』　事実関係は取材当時）

エピローグ——自衛官は何を思う

オランダ軍宿営地に到着し集合する陸上自衛隊本隊第１陣の隊員たち（2004年２月８日午後、イラク・サマワ市。共同通信社提供）。

ハレンチ隊員続出

二〇〇四年七月一一日に投開票が行われた参議院選挙では、イラクや年金問題で批判を浴びた自民党が大きく議席を減らした。しかし、小泉政権は自衛隊の多国籍軍参加を続ける政策を続けている。

時期を同じくして自衛官の不祥事を伝える新聞記事がやたら目につく。女性トイレのぞきに始まりデパート女子店員のスカートの中を盗撮、すれ違いざまに乳房を触るチカンから、電車の中で下半身を露出する隊員まで出る始末だ。

「自衛官だから、たまたまニュースになっているのだ。一般のサラリーマンだってやっているではないか」

そういう声も確かにある。いずれにしても、それでも自衛官の不祥事続出はストレスと無関係とは思えない。最近の新聞をもとに、自衛隊の珍現象の数々を挙げてみよう。

■トイレで匍匐《ほふく》前進?

今年六月五日の夜、滋賀県彦根市の雑居ビルで、共同女性トイレの前ではいつくばっていた男が取り押さえられた。発見したのはビルの喫茶店の女主人。犯人は喫茶店と同じく、ビルに入居する自衛隊地方連絡部の海上自衛官A隊員（二等海曹、三九歳）だった。

地方連絡部（地連）とは、新隊員を募集する部署である。所属部隊によると、A隊員は護衛艦勤務を経て地連に配属されていた。事件当時、A隊員は基地に帰還するよう命令を受けたばかりで、休みを使って荷物をまとめていたという。

「事件が起きたとき、A隊員はビールを飲んでいたということです。普段はまじめな隊員だと聞いていています。不祥事が起こらないように、日ごろから服務指導をしているのですが……。ましてや被害者が一般の方でしょう。もうウチとしては面目丸つぶれです。信用失墜してしまって、ほんと『申し訳ありません』と言うほかないです」（舞鶴総監部）

同じ部隊に所属したことのある海曹も、あきれた調子で言う。

「護衛艦など、男だけのつらいところと違って、地方連絡部は娑婆で若い女性を見ることができる、うらやましい職場ですよ。刺激が強すぎて我慢できなかったんでしょうかね。それにしても、新人隊員ならともかく、ベテランでしょ？　こういうことをするとどういう処分を食らうか良くわかっているはずなのに……私なら、どんなに煩悩に苛まれても絶対やりません。風俗店にでも行きます！」

A隊員は素直に犯行を認め、停職二〇日間の処分を受けた後に、依願退職した。

「トイレ事件」からほどない六月下旬には、徳島市内で海上自衛隊徳島航空隊所属のB海士長（二七歳）が逮捕される事件が起きた。

新聞報道などによると、B海士長は、レーダー関係の仕事を終えてバイクで帰宅途中の夕方、通りかかった自転車の女性会社員（三〇歳）の乳房を触って逃げようとしたところを逮捕された。

Ｂ海士長の部隊に電話で問い合わせると、広報担当だという幹部自衛官が憮然とした様子で対応した。彼は事実関係を認めた上で、ほとんどやけくそ気味にこうこぼした。

「ショックです。信用落とすし……でも、言わせてもらえば、ウチのはまだ触っただけ、よその部隊ではもっと悪いことをやっている奴がいるでしょう」

事実、幹部の言葉どおり、新聞をめくれば全国各地で「もっと悪い」不祥事が続々と出てくる。その一部――。

青森県弘前市で今年四月、女子中学生にわいせつ行為をしたとして、陸上自衛隊の士長が県青少年育成条例違反の疑いで逮捕された。弘前の部隊と言えば、イラク派遣の三次隊を送っている陸自第九師団である。当時はイラク行きに備えて訓練の真っ最中だった。

逮捕された陸士長は、携帯電話の出会い系サイトで被害者の女子中学生と知り合い、何度かメールのやり取りを繰り返した後にデートした。車の中で陸士長は中学生に「キスをして、服の上から胸を触るなどの行為」をしたが、衣服に中学校の名前が書いていたのを発見、相手が中学生だと気がついたという。

これに似た事件では、札幌で今年三月、二一歳の陸上自衛官が逮捕されている。一八歳未満の女子高校生に「いかがわしい行為」をした容疑だ。

「架空請求にぼったくり、出会い系サイト……。携帯電話のトラブルに遭ったという若い隊員の相談はひっきりなしだ。我々が若いころというのは、携帯電話も自家用車もなかったので、こんなトラブルなどなかった。イラク行っている隊員が、大変な思いをしているというのに何ということをしてくれるのか！」

彼が所属する駐屯地幹部もおかんむりである。

六月下旬には、香川県善通寺市で、若い陸士が女子高校生を強姦するという卑劣な事件が発生した。また七月には、和歌山県の陸上自衛隊で、隊員が先輩を殴り殺すという殺人事件が起きている。

■ベテラン隊員もハレンチ事件

チカンやのぞきなどの不祥事を起こすのは、士・曹クラスの一般隊員だけとは限らない。今年六月一二日夜、神奈川県横須賀市を走る電車の中で珍事件が起きた。座席に座っていた男がやおらズボンとパンツを下ろして、向い側に座っていた女子大生に下半身のイチモツを見せたのである。男は、公然わいせつの現行犯で警察に逮捕。犯人はなんと三等海佐のB隊員（四一歳）だった。犯行当時、B海佐は酒に酔っていたわけではなく、しらふだったという。

海佐と言えば昔の将校にあたる。海士で入隊して地道に努力を重ね、護衛艦乗組員などを経て、難関の試験も潜り抜けて司令部まで上り詰めた、たたき上げの幹部だった。

「ウチの艦隊で、幹部の不祥事が明るみになったことはありません」と自営艦隊司令部の広報担当者が言う通り、自衛隊にとっても衝撃的な事件だったようだ。

それにしてもB海佐はどうして公衆の面前でパンツを下ろすという愚挙に出たのだろう。悩みがあったのか、あるはストレスか——。借金で船を下ろされた経験を持つ海上自衛官(三曹)は、やや同情的だ。

「電車の中でズボン下ろした三佐の人、あれやっぱりストレスじゃないですか？　だって欲求不満解消しようとすれば、いくらでも方法があるわけですし」

司令部にたずねると「調査中」という答えが返ってきた。

ケンカ程度の騒ぎは日常茶飯事で、いちいち不祥事の類に数えないのが自衛隊である。

「酒場で客とトラブルになるなんて話はよくありますよ。こっちが自衛官だと知ってわざと絡んでくるような輩もいるから、たちが悪い。かなり前ですが、大喧嘩になって相手を殺してしまった自衛官もいました」

海上自衛官の一人はそう話す。

ケンカ騒ぎになっても、ニュースになるのは、殺人事件などのように大きな事件か、新聞社に垂れ込みがあったり、警察が発表するなど「運が悪い」ケースに限られる。その「運の悪い」ケンカ騒ぎが六月に起きた。

北海道旭川市で六月七日、イラクから帰還したばかりの若い陸曹四人が、酒に酔って路上を歩いていたところ、酔客と殴り合いのケンカになる騒ぎが起きた。幸いたいしたケガ人もなく傷害事件などに発展することはなかったが、イラク問題に感心が集まっている時期だけにマスコミが飛びつき、報道した。

「警察の世話にはなりましたが、事件になったわけでもなく解決できました。酒の席でのいざこざはままありますが、何せ今はイラクで注目されていますからね……」

旭川駐屯地の担当者は、隊員に同情的なコメントを寄せる。

「イラクに派遣された隊員たちは、イラク人に歓迎されたようだ。『役に立てた』と非常に充実感を持って帰ってきています。帰国後は『そろそろ任務に付かせてください』という声が出るほど十分に休息を取らせている。隊員にストレスはないはずです」

灼熱の戦地での任務によるストレスも否定する。

■妻子持ち隊員のスカートのぞき

最近、女性自衛官が増えてきたとは言え、依然としてごく少数派だ。自衛隊はやはり男の職場である。しかも独身や若者が多い。ハレンチ事件の背景には、異性の出会いに飢えていることが一因なのかも知れない——と推論してみるものの、それだけでは自衛官の〝異常行動〟の数々は説明できない。妻子持ちの若い隊員であっても、幼稚なハレンチ事件で道を踏み外す者がいる。

沖縄県那覇市で今年四月、デパートの若い女性店員のスカートの中をデジタルカメラで撮影しようとした陸上自衛官C氏（二五歳）が現行犯逮捕された。C氏は妻子持ちだ。この日は、たまの休日を使って一家水入らずで買物に来ていたという。妻子とショッピング中に、店員のスカートを盗撮するという大胆な犯行だった。

C氏は自衛官の中でも、音楽隊の隊員という特殊任務についていたという。管楽器奏者で年がら年じゅう日本中の晴れ舞台を駆け回って演奏をするのが仕事だ。自衛隊の音楽隊と言えば、希望者が殺到して容易には採用されないという。警察の音楽隊と並んで、演奏家にとっては憧れの職場である。

その華やかな仕事に就き、妻子もいる。一見、幸せいっぱいのはずが、どうしてスカートのぞきなどをするのか……理解に苦しむ。所属部隊に聞いても動機は不明だ。

この程度の事件、「本土」ならせいぜいベタ記事程度で終わる程度の話だったかも知れない。だが、沖縄という場所柄で展開は違った。

激しい地上戦の体験を持つ沖縄は反戦意識が極めて高く、自衛隊の不祥事はマスコミの格好の餌食にされる。C氏のハレンチ事件は、まるで生贄のごとく連日大きく報道された。

「沖縄は狭い島ですからね。新聞、テレビと一ヶ月くらいの間、ぼろくそに批判されました。演奏会に行けば、聴衆からは白い目で見られて……」（広報担当者）

とうとう自衛隊の幹部が沖縄県庁に謝りに行くはめになった。「でも仕方ありません。批判されないと改善されませんから、ガンガン批判してくださいよ！」と、担当者は平身低頭である。

日本各地で、身を持ち崩し、人生を棒に振ってまでも、子どもじみた事件を起こす自衛官は後を絶たない。

「絶対バレるようなことをやって、捕まって。懲戒免職で退職金もなし、家族にも愛想つかされることでしょう。我々がいくら指導やっても、たくさんの隊員の中には、とんでもないことをしでかす者が出てしまうんですかね。それにしても理解できませんよ。これって世の中刺激が多すぎるせいなのでしょうか」（同）

失職・処分覚悟で、自衛官たちはどうしてばかげた事件を起こすのだろう。ストレスか、あるいは生きがいの喪失か。それとも単にモラルが低いからなのか。心の闇は容易には見えない。

あなたはイラクへ行きますか？

本書の冒頭で触れたように、日本全体の昨年度の自殺者数は、前年を七％も上回る過去最悪の三万四四二七人に達した。一〇万人当たりの自殺率は二七人。一日平均ざっと一〇〇人弱。東京のＪＲ中央線や山手線では飛び込み自殺が連日のように発生、ダイヤ遅れの主要原因となっている。こうした現象と連動するように自衛隊の自殺が確実に増えている。

いつの間にか、自衛隊にとっても、日本にとっても、悲惨な死が日常の出来事になってしまった。

米軍や他国の軍隊で次々と犠牲者が出る中で、幸い人的被害を出していない（八月現在）自衛隊のイラク派遣だが、これもまた自衛官にとって間近に死の危険を感じる問題に違いない。三ヶ月の任期で派遣が続けば、いずれは順番が回ってくる。日本にいる隊員たちはイラク問題をどう考えているのだろう。

——イラクへ行けと言われたらどうしますか？

現役・元自衛官に、この質問をぶつけた。

三〇歳代の妻子を持つ隊員はこう答える。

「イラク復興支援は行った方がいいと思う。戦争する訳じゃない。現場は確かに危険だろう。でも、自衛隊はそういう危険な地域で活動するために日ごろ訓練をしている。この仕事は自衛官にしかできない。もちろん、それなりの武装・装備をしていく必要はある」

同じ部隊から、イラクに派遣された隊員もいるという。

「ウチの部隊からも数名派遣された。無事帰ってきたとき『よかった。何もなくてよかった』と心底思いましたよ。

だが、恐くないと言えば嘘になる。

「正直なところ、自分が行くことを考えると恐い。派遣が長引けばいずれ順番が回ってくることでしょう。三ヶ月交替ですからね。民間の会社なら『俺は嫌だ』と言えるのだろうが、自衛隊にいる限りどうしようもない。行くしかない」

いったい家族はどう思っているのか。

「妻は『行ってほしくない』と言っていますよ。でも話がある時は、事実上の命令だと思う。できることならイラクじゃなくて、より安全なゴラン高原に行ってみたいっす」

同じく妻子のいる若い三〇歳代陸曹はどうか。つつましく官舎で暮らし、カンボジアにＰＫＯで派遣された経験もある。

「カンボジアのときは、最初は断ったんです。でも『人がいないので行ってくれ』と上官に頼み込まれて行きました。訓練期間を入れて延べ一一ヶ月。一〇本くらい予防注射打たれました。当時、子どもが生まれたばかりで、家族と別れるのは寂しかったです。でも現地の人が喜んでくれてうれしかった。現地手当ては日当一万円。助かると言えば助かりましたが……」

危険を感じる場面もあった。

「トラックでバスを追い抜いたら、男が降りてきて発砲してきたんです。こっちは弾の入っていない銃を抱えて。あの時は心細かった」

だが、イラクについては躊躇がある。

「……カンボジアとイラクは違う。本当に『行け』と言われたら悩むだろう。ただPKOの派遣希望の調査があれば必ずマルをしている。命令があればたぶん行くと思う」

ただし本心を突き詰めれば複雑だ。

「本音はあるけど、口にしていいものかどうか。自衛官として言うことと、個人として言うことは違うんですよ。それ以上、詳しくは話せません」

独身者はどう思っているのだろう。

「絶対行きたいかというと、そんなことはありません。でも命令されたら行くだけです。派遣手当てがいいそうですが、お金には別に興味はない」と、二〇歳代の陸曹は、あっさりしている。

一方、元自衛官の中には批判的な声もある。

「イラクに行っている自衛官はかわいそうです。PKOに行ってもバッジをくれるだけでしょ。インド洋に掃海艇なんかで派遣されて、その後の待遇が悪いので辞めた人を何人も見てきました。今回は多少手当てがいいのかも知れませんが。死んだら一億円ですか。

防衛庁長官自身がイラクへ行ってみればいいんじゃないですか。口には出さなくても、そう感じている自衛官は大勢いるはずです」

独身者でも、付き合っている彼女がいれば妻帯者と同様に別れが辛いことだろう。三〇歳代の海曹は打ち明ける。

「『イラクへ行け』と言われたら『ハイそうですか』と、やっぱりいかなきゃならないんだと思います。でも、やっぱり人間の弱さなのか、正直なところは『勘弁してほしい』と言いたい。好きな女性と、少しでも長い間一緒にいたいし……。それを口に出すと『あいつは女に走った』なんて言われてしまうのは目に見えていますが。

私が行かなければ、そのしわ寄せは必ず他の隊員にいくわけですから、やはり行かなきゃという答えを出さざるを得ないでしょう」

未知の世界を知り何かの役に立ちたいという思いから、ＰＫＯやイラク派遣に積極的に参加したいという隊員は少なくない。一方で「イラクは恐い。できることなら行きたくない」という声があるのも事実だ。ただ、思いはそれぞれでも「行けと命令されれば行く」という点は共通している。

文字通り仕事に命を掛ける自衛官は、過労死するまで働く日本のサラリーマンの姿とだぶる。

妻の思い

家庭を仕事の犠牲にすることを美徳とする傾向が、自衛隊にはある。紛争地での任務など、その最たるものだろう。こうした仕事を、家族はどう見ているのか。陸上自衛官の夫を持つ妻（四〇歳代）に聞いた。

――夫さんの階級は？

「曹とか何とか……自衛隊の階級はややこしくてよく知らないんです。ダンナも『説明してもわからないだろう』と。興味もないし」

――そんなものですか?

「そんなものですよ(笑)。他の方は知りませんが」

――どうやって知り合ったんですか?

「見合いなんです。私は看護師していまして。結婚する気もなかったんですが親がうるさく言うもので。夜勤、夜勤で男性と知り合う機会も少なかったですから。周りを見ても看護師や保母さんの奥さんが多いです」

――自衛官の仕事はどうですか?

「夕方は五時に帰ってきて家庭にいてくれるからいいと思っていたら、帰って来ないんですよね。部隊で残業していたり、仕事持って帰ったり。どんなことをしているのか。仕事のことはほとんど話しません」

――官舎ですか?

「昔、住んでいました。最初のころは古いところで、次に移ったところに水洗トイレがあって感動したものです(笑)。引越しには、部隊の人やら近所の人やらが手伝ってくれて、あれよあれよという間に終わりました。ご近所さんなんかに良くしてもらって、私は結構恵まれていたんですが、『官舎は絶対嫌だ』と嫌う人もいます」

――転勤は多い？

「二〇数年の間に三回ありました。転勤も大変ですが、演習も多い」

――どのくらい家を空けるんですか？

「近くの演習場なら一～二週間。遠方なら何ヶ月も留守にします。ひと月に一回はありますから。子どもも父親が家にいないのが当たり前になって『ウチのお父さん、来週から演習や。おこずかい早うもらっとかんとあかん』なんて会話をしています。正月の演習というのもよくありますね。演習の合間には、当直もあります。母子家庭みたいなもんですよ」

――演習の間、連絡は……

「よほどのことがないと、連絡は取りません。終わって打ち上げの時に電話があるくらい。泥んこになってくたくたで帰ってきます。でも、出張の準備も、洗濯もアイロンかけも、全部自分でやってくれるんでその点は感謝しています」

――災害救助にも行くんでしょう？

「ええ。阪神淡路大震災の救助活動にも行きました。あの時は、地震の直後に知り合いが電話してきて『早く行ってあげて。何してるの』と叱られました。出動命令がないと行けないんですけどね。一ヶ月程行っていましたか、そうとうショックを受けたみたいです」

――遺体の収容とかで……

「いや、物資輸送の関係だったらしいんですけど。『避難者が困っている手前、喉が渇いてもがぶがぶ水飲むわけにはいかないし、食事もできない。辛かった』と漏らしていました。演習とは比べものにならないほど、疲れてやつれて。多くを語りませんでした。『地震は恐い。あれではどこにいてもだめだ。どうしようもない。ただ逃げろ』と」

――イラク派遣のことをどう思っていますか？

「ウチもいずれ声がかかるかもわかりませんからね。もし行けとなったら『別れよか』なんて話していいます（笑）」

――夫さんは何て？

「『じゃ、隊長にそう言っときます』って（笑）。ウチのダンナは多分断れないでしょうね。嫌だとは言えないんじゃないか」

――イラク以外なら別？

「ある程度安全なところならね。でもイラクは別。援助（復興支援）で行っているのに、向こうはそうじゃない。現場にいる者の身になってほしいですよ」

――自衛官と結婚して、感じることはありますか？

「看護師の仕事と似ているなと。お金もらっているけど、気持ちはボランティアなんです。災害救助にしても、患者を助けるにしても、ボランティア精神がないとできませんよ」

――イラクに行けとなったら……

「妻として困ります。演習で留守にされても大変なんですから。どうぞ行ってください、なんていう奥さんはいないと思う。いくらお金が良くても要りません。もし、ウチが当たって、どうしてもということなら『辞めたら』と言うかも。

父親が家に帰ってきて、子どもの顔を見て『今日はどうやったんや』と言ってくれる。私はそれで満足なんです。家庭の方が大事ですから、小泉さん（首相）には悪いけど」

あとがき

外からは見えにくかった自衛隊の周りに、最近さらに強固な壁が作られている。そう予感させる出来事がいくつかあった。

まず、陸上自衛隊の駐屯地近くの路上で写真を撮っていた時のことだ。道路を隔てて向かいの官舎から「世話人」だという中年の女性が出てきて〝職質〟を始めた。

——何を撮っているの？

「何って……駐屯地の辺りの風景を。取材です」

——駐屯地を撮っているの？　それとも風景か……。

「駐屯地のある風景……と言ったらいいんですか。風景というのはそういうものでしょ？」

——あなたはどこの人？

「ジャーナリストです。何か問題ありますか？　官舎を撮っているわけではないんですが」

——向こうにある学校でも撮ったらどうですか。それから名刺をいただけますか？　一応念のため。自衛隊に通報するなんてしませんよ。

女性は名刺を手にすると、「もうすぐ自衛官の皆さんが帰ってきますから」と早く立ち去るように促した。誰がどこから見ているかわからないような嫌な気分に襲われ、私はその場を離れた。

別の機会には、自衛官の家族数名に集まってもらって井戸端会議をやることになった。楽しみにしていたところ直前になってキャンセルされた。

「子どもが熱を出したから」

「里帰りするから」

表向きもっともらしい理由だったが、真相は自衛官からの「口止め」だった。

別に国防に関するような秘密事項を聞き出そうとしたのではない。四方山話を期待していたのだが、それすら容易なことではないのだと思い知った。

先日は、イラクへ出発する部隊の壮行会を取材しようと申し入れを行ったところ、防衛庁の広報担当者から「(防衛庁)記者会の加盟社しか、取材をお受けしていないんですよ」と、やんわりと断られた。

「富士総合火力演習」や観閲式、航空ショーでは広く一般公開しているのに、だ。

自衛隊のことには素人同然の私が、本書を執筆しようと思い立ったわけは、今まで自衛隊を知らなさ過ぎたという自責の念があったからだ。自衛官とはどんな人たちなのか、何を考え、悩んでいるのか、自衛隊とはどんな職場なのかについて余りにも無知であった。

何人もの現役・退役自衛官と話をして受けた印象は「フツウの公務員」、あるいは「フツウのサラリーマン」であった。消防隊員や警察官、郵便局、県庁や市役所、一般の民間企業に勤めるサラリーマンと大した違いはない。考えてみれば当たり前のことなのだが、そんなことにも気づかないほど、私の目に素顔の自衛隊の姿は見えていなかった。いや、見ようとしていなかったのだ。

サラ金苦、イジメ、自殺――取材で浮かび上がった自衛官たちの悩みは、突き詰めれば世の中の無関心、さらに組織の密室性と切り離せない問題のように思えてならない。

その密室にいる、フツウの人たちからなる自衛官が、今、イラクという戦場に送り込まれ命の危険にさらされている。彼らに危険を強いているのは、ほかでもない私たち国民なのだ。

どんな職業であれ、日本国民であれば、健康で文化的な暮らしをする権利がある――とは日本国憲法にうたわれ、戦後教育で教わったことであった。それにもかかわらず、同じ国民でも自衛官だと、イラクの危険地帯に置き去りにしておきながら同情する声があまり聞かれないのはなぜか。憲法〝改正〟論議はあっても自衛官の「人権侵害」について語る番組や記事はなきに等しいのはどうしてなのか。

自衛官は「差別」されているのかも知れない。

サマワの自衛官が何を思い、どんな暮らしをしているのか。厳しい報道規制に阻まれてうかがい知ることは困難だ。ただ、灼熱の戦地にいるのはフツウのマジメな優しい人たちだということは間違いない。

想像もしたくないが、もし、彼らが攻撃を受けて傷ついたり、あるいは応戦して誰かを傷つけるという事態が起こるとすれば、それは紛れもなく日本の国民の責任である。傷つけたり殺したり、あるいは傷つけさせたり殺させたりする権利など、誰にもないはずだ。

自衛官の命を守るためには、イラクから撤退するしか方法はない。日本がテロの標的にされないためにも、その方が懸命ではないだろうか。

戦争なんか大嫌い。災害があればわが身を省みず救助に駆けつけてくれる。そんなボランティア精神あふれる平和な自衛隊で十分だと、私は思う。

二〇〇四年八月二七日

文中、自衛官・ご家族のお名前はすべて匿名といたしました（第三章「ルポ・東ティモールPKO」を除く）。また、肩書き、年齢は取材当時のものです。

本書を執筆するにあたり、現役・OB自衛官、ご家族を初め、多くの方々のご協力をいただきました。この場を借りて厚くお礼申し上げます。

著　者

三宅勝久（みやけ・かつひさ）
1965年岡山県生まれ。
フリージャーナリスト。大阪外国語大学イスパニア語学科卒。フリーカメラマンとして中南米・カリブ・アフリカ諸国で取材活動。その後「山陽新聞」記者。2002年より再びフリー。「債権回収屋"G"——野放しの闇金融」で第12回『週刊金曜日』ルポルタージュ大賞優秀賞。『週刊金曜日』連載の武富士批判記事をめぐり、同社から1億1000万円の損害賠償を求める訴訟を起こされ係争中。

著書『ヤミ金・サラ金大爆発——亡国の高利貸』（花伝社、2003年）

悩める自衛官——自殺者急増の内幕——

2004年 9月16日　初版第1刷発行
2004年10月28日　初版第2刷発行

著者 —— 三宅勝久
発行者 — 平田　勝
発行 —— 花伝社
発売 —— 共栄書房
〒101-0065　東京都千代田区西神田2-7-6 川合ビル
電話　03-3263-3813
FAX　03-3239-8272
E-mail　kadensha@muf.biglobe.ne.jp
http://www1.biz.biglobe.ne.jp/~kadensha
振替 —— 00140-6-59661
装幀 —— 神田程史
印刷・製本 — 中央精版印刷株式会社

ISBN4-7634-0429-6 C0036

花伝社の本